N° 282

SÉNAT

ANNÉE 1906

SESSION ORDINAIRE

Annexe au procès-verbal de la séance du 8 juin 1906.

RAPPORT SUPPLÉMENTAIRE

FAIT

Au nom de la Commission, chargée d'examiner le projet de loi, ADOPTÉ PAR LA CHAMBRE DES DÉPUTÉS, *sur l'emploi des* **composés du plomb** *dans les travaux de la peinture en bâtiment,*

PAR M. PÉDEBIDOU

SÉNATEUR

———

PARIS

P. MOUILLOT, IMPRIMEUR DU SÉNAT

Palais du Luxembourg

—

1906

SÉNAT

ANNÉE 1906

SESSION ORDINAIRE

Annexe au procès-verbal de la séance du 8 juin 1906.

RAPPORT SUPPLÉMENTAIRE

FAIT

Au nom de la Commission[1], chargée d'examiner le projet de loi, ADOPTÉ PAR LA CHAMBRE DES DÉPUTÉS, *sur l'emploi des* **composés du plomb** *dans les travaux de la peinture en bâtiment,*

PAR M. PÉDEBIDOU

Sénateur.

MESSIEURS,

La Commission des composés du plomb a bien voulu nous charger, au mois de mars dernier, de lui présenter un rapport sur le projet de loi voté par la Chambre des Députés dans sa séance du 30 juin 1903.

Nous avons l'honneur de vous soumettre ce travail. Il se divise en plusieurs chapitres.

Nous avons tout d'abord exposé toutes les phases de la lutte contre les sels de plomb depuis plus d'un siècle.

---

(1) Cette Commission est composée de MM. Emile LABICHE, *Président*; N***, *Secrétaire*; THUILLIER, PONTHIER DE CHAMAILLARD, PEYROT, DAUMY, PÉDEBIDOU, POIRRIER, TOURON, MARET.

(Voir Sénat, n°s 276 année 1903, et 135 année 1905, et 401-515-941, — 8e législ. — de la Chambre des Députés.)

Puis nous avons successivement examiné les débats dont cette question a été l'objet au Palais Bourbon, l'important rapport de notre prédécesseur M. Treille et les diverses enquêtes sur lesquelles reposent ses conclusions.

Enfin, nous nous sommes efforcé de démontrer, en nous appuyant sur les multiples recherches des savants et des hygiénistes, que la céruse est un poison, que toute réglementation est impuissante à préserver la santé des ouvriers peintres et que l'interdiction de l'emploi de ce produit — d'abord à l'intérieur — s'impose comme une mesure de salubrité publique.

Historique.

La campagne contre la céruse comprend trois phases bien distinctes, trois campagnes :

La première de 1780 à 1808 ;
La deuxième de 1848 à 1853 ;
La troisième enfin, commencée en 1900 et non encore terminée.

PREMIÈRE PHASE.

Période de 1780 à 1808.

Dès le début du xviii° siècle, l'usage de la peinture au blanc de céruse s'était répandu avec le développement de la richesse et le goût du bien-être.

On ne tarda pas à lui reprocher plusieurs défauts :

1° Une action pernicieuse sur la santé des ouvriers qui le préparaient ;

2° Le brunissement sous l'influence des vapeurs sulfurées.

Vers 1780, Courtois, préparateur au Laboratoire de l'Académie de Dijon, eut l'idée de substituer un oxyde de zinc au carbonate de plomb employé jusque-là exclusivement en peinture. Au bout de quelques mois de recherches, il obtint une matière blanche produite par la combustion du zinc et qui restait inaltérée en présence des émanations sulfurées.

Trois ans après, Guyton de Morveau, son maître, publia une étude souvent citée dans les mémoires de l'Académie de Dijon. Il y exposait les dangers résultant de l'usage de la céruse.

Nous lisons dans un mémoire soumis le 13 mars 1786 à l'Académie royale d'architecture, par M. Vincent Montpetit :

« Depuis longtemps on sait que les peintures à l'huile dans l'intérieur des bâtiments causent des maladies souvent funestes, entre autres celle connue sous le nom de colique de plomb, dont la principale cause est due, dit-on, aux miasmes émanés du plomb et de ses différentes compositions. On a reconnu surtout que les blancs qui en sont extraits, mêlés à l'huile, donnent des vapeurs mortelles, non seulement pour ceux qui les manipulent mais pour ceux qui habitent les lieux clos où cette peinture est employée. »

Guyton de Morveau reconnaissait cependant au produit, qu'il préconisait pour la substitution à la céruse, quelques inconvénients :

1° Un prix de revient plus élevé (8 à 12 francs le kilo);

2° Des couleurs moins siccatives que celles obtenues par le carbonate de plomb;

3° Un pouvoir couvrant et une solidité moindre que ceux de la céruse.

Il chercha dès lors à perfectionner ses procédés de fabrication et, au bout de plusieurs années de recherches, il s'engagea envers le Ministre de la Marine à livrer à cette Administration du blanc de zinc à meilleur marché (1 fr. 25 le kilo pour une commande de 6.000 livres).

En 1786, sur l'initiative du Ministre de la Marine d'alors, le maréchal de Castries, une Commission fut constituée pour examiner la valeur industrielle de la nouvelle couleur.

Cette Commission, après une série d'expériences à bord du vaisseau *le Languedoc*, déposa son rapport le 18 novembre 1786.

Il établissait :

1° Que l'oxyde de zinc donnait un blanc assez beau, quoique un peu moins vif que la céruse ;

2° Que, fraîche, cette peinture avait une odeur moins forte et moins désagréable que celle du plomb ;

3° Que la dessication n'avait été complète que le sixième jour, celle au plomb, le quatrième.

Le maréchal de Castries communiqua à Guyton de Morveau le résultat des expériences tentées à bord du *Languedoc* et lui exprima en même temps son désir de voir adopter le blanc de zinc pour les peintures effectuées à l'intérieur des vaisseaux.

D'après ce qui précède, il est incontestable que l'idée première de la substitution du blanc de zinc au blanc de plomb appartient à la France, et notamment à Courtois et à Guyton de Morveau.

Les faits qui viennent d'être relatés étaient du domaine public, lorsque l'Anglais Alkinston, fabricant de couleurs à Harrington près Liverpool, prit une patente pour la préparation du blanc de zinc par un procédé spécial et l'application de ce corps à la peinture à l'huile.

Guyton de Morveau revendiquait la priorité de cette idée et le droit de l'exploiter seul.

Jusqu'en 1808 la question fut abandonnée.

Elle est alors reprise par Berthollet, Vauquelin et Fourcroy.

Dans un rapport déposé à l'Institut national et relatif aux procédés de fabrication de M. Mollérat, ils faisaient l'éloge du blanc de zinc.

Ce rapport, conforme aux faits énoncés par Courtois et Guyton de Morveau, concluait à la possibilité de la substitution du blanc de zinc au blanc de plomb et aux avantages qui doivent en résulter pour la salubrité publique.

Pourtant la question pratique était loin d'être résolue. Deux éléments manquaient à la solution du problème : le prix de revient et la durée de la peinture; aussi l'emploi du blanc de zinc tomba dans l'oubli.

DEUXIÈME PHASE

(1845 à 1853)

Tel était l'état de la question lorsque M. Leclaire vint reprendre la campagne contre la céruse et fit connaître le résultat de ses travaux.

Après des recherches patientes durant quatre années, il découvrit avec l'aide de M. Ernest Barruel, un procédé de fabrication du blanc de zinc qui lui permettait d'entrer en concurrence avec le blanc de céruse.

Dès 1845, il expérimenta son produit sur ses propres chantiers. Dès ce moment, un pas immense était fait, la fabrication industrielle du blanc de zinc se trouvait résolue.

Il est juste de mentionner les efforts que firent à cette époque plusieurs fabricants pour assainir leur industrie et protéger la santé de leurs ouvriers.

En 1854, Clément Desormes préconise un nouveau mode de préparation de la céruse; il traite directement la pâte aqueuse par l'huile.

Les frères Bezançon, à leur usine d'Ivry, dès 1845, avaient apporté dans leur fabrication des améliorations décisives (1).

Par une propagande inlassable, Leclaire s'efforce de faire adopter le blanc de zinc par diverses administrations de l'État. Il y parvient et, le 20 décembre 1848, le Ministre des Travaux publics, M. Vivien, chargea une Commission d'examiner la question au double point de vue de la salubrité et de la valeur industrielle.

Les conclusions adoptées furent en faveur du blanc de

---

(1) Voir le *Bulletin de la Société d'Encouragement*, 1852, et le rapport de M. Chevalier ainsi que celui de M. Stass sur la section des Industries chimiques de l'Exposition de 1855, à Paris.

zinc. Le 24 août 1849, M. Lacrosse, Ministre des Travaux publics, prenait la première mesure administrative de proscription contre la céruse.

« Le Ministre des Travaux publics, considérant qu'il importe dans l'intérêt de la santé des ouvriers peintres de substituer le blanc de zinc au blanc de céruse dans les travaux exécutés par l'État,

« Arrête ce qui suit :

« A l'avenir, le blanc de zinc sera exclusivement employé dans les travaux de peinture à l'huile exécutés dans les bâtiments de l'État.

« Paris, le 24 août 1849. »

Le Préfet de la Seine soumit à son tour la question à la Commission d'architecture du département de la Seine et cette Commission lui adressa son rapport le 18 juin 1850 ; les conclusions en étaient favorables au blanc de zinc.

A son tour, le Ministre de la Marine constitua à Toulon, le 3 juillet 1850, une Commission spéciale chargée d'effectuer des essais comparatifs de peinture à base de zinc et à base de céruse.

Elle reconnut au blanc de zinc les mêmes qualités qu'à la céruse sous le rapport de la siccativité, du prix et de l'aspect, mais elle réserva la question de la solidité, de la résistance aux intempéries, pour laquelle il fallait la consécration du temps.

Enfin, M. de Persigny, Ministre de l'Intérieur, adressa, le 15 février 1852, une circulaire aux préfets les invitant à proscrire l'emploi du blanc de céruse dans tous les travaux de peinture à effectuer dans les bâtiments départementaux, et à transmettre ces mêmes recommandations aux maires des communes de leur département pour les établissements communaux.

« La fabrication et le broyage de la céruse, disait la circulaire, sont depuis longtemps signalés comme des opérations éminemment insalubres. L'emploi des peintures qui admettent cette substance produit également les plus funestes effets parmi les ouvriers peintres. En ce qui touche la fabrication, elle pourrait, grâce à des perfectionnements récents, devenir jusqu'à un certain point inoffensive, mais il est à craindre que ces perfectionnements ne soient pas toujours réalisés par les fabricants; quant à l'emploi de la céruse, il est certain que des précautions de diverses natures puissent bien en atténuer mais non en paralyser complètement la pernicieuse influence.

« L'intérêt de la santé d'une classe nombreuse d'ouvriers réclame donc à cet égard toute la sollicitude des autorités supérieures.

« Déjà, un arrêté émané du Ministre des Travaux publics à la date du 24 août 1849 prescrit la substitution du blanc de zinc au blanc de céruse dans les travaux de peinture à exécuter dans les bâtiments de l'État. Depuis, une Commission instituée au même Ministère en 1848 et 1851, et composée des hommes les plus compétents, a étudié cette question avec un soin tout spécial. Elle est tombée d'accord sur les dangers de la fabrication et de l'emploi de la céruse et sur la nécessité de la remplacer par le blanc de zinc. D'après les conclusions de cette Commission, la préparation, l'emploi et le grattage de la peinture au blanc de zinc ne paraissent présenter aucun danger pour la santé de l'ouvrier.

« En outre, cette peinture a des qualités de durée, de solidité et d'éclat qui ne se trouvent pas au même degré dans la peinture au blanc de céruse; s'il y a aujourd'hui entre l'une et l'autre égalité de prix, il est permis d'espérer que la peinture au blanc de zinc pourra bientôt être établie à des prix inférieurs. »

Vers la même époque (1850), la médecine intervenait dans le débat et le docteur Tanquerel des Planches affirmait notamment que « *les maladies saturnines compromettant la santé et même l'existence d'un grand*

nombre d'individus, il était du devoir d'un gouverne-
ment protecteur de prévenir s'il le peut le développe-
ment de pareilles affections ».

Un peu plus tard, en mars 1853, le Gouvernement donnait à une Commission prise dans les Comités des arts et
manufactures et d'hygiène publique le mandat « d'étudier
avec soin les intérêts si précieux qui se rattachent à cette
grave question, et de faire connaître avec la plus entière in-
dépendance leur opinion au Gouvernement ».

(Moniteur universel. — Dimanche 6 mars 1853.)

Cette Commission était ainsi composée :

MM. MAGENDIÉ, membre de l'Institut, professeur au Collège
    de France.

CHEVREUL, membre de l'Institut.

BUSSY, membre de l'Institut, directeur de l'Ecole de
    pharmacie.

LEGENTIL père, ancien président du Tribunal de com-
    merce de la Seine.

BARBIER, administrateur des Douanes.

DAVENNE, directeur de l'Assistance publique.

REGNAULD, directeur de la manufacture de Sèvres, mem-
    bre de l'Institut.

Baron SEGNIER, membre libre de l'Institut.

Docteur TARDIEU, médecin des hôpitaux, agrégé de la
    Faculté de médecine.

C'est le professeur Tardieu qui fut chargé du rapport.

Voici comment il s'exprime :

« Chargée de préparer vos délibérations, la Commission
dont j'ai l'honneur d'être l'interprète a pensé qu'elle devait
avant tout s'efforcer de préciser l'objet et le but de votre
mission.

« Cette tâche était rendue facile par l'exposé qui vous
a été fait au nom de l'Administration et par les paroles de
M. le Ministre, qui traçaient nettement la ligne de conduite

si prudente que le Gouvernement se propose de suivre dans cette affaire.

« En effet, il ne s'agit plus d'établir la prééminence du blanc de zinc sur le blanc de plomb, et de favoriser ou d'étendre ses applications industrielles. Vous avez à rechercher si la prohibition absolue de la céruse est utile et possible, et la question se présente à la fois sous trois faces distinctes :

« Au point de vue sanitaire ;

« Au point de vue industriel, commercial et financier ;

« Au point de vue du droit et de la légalité.

« En appelant avant tout votre attention sur le côté hygiénique de la question, M. le Ministre avait clairement fait comprendre que la fabrication et l'emploi du blanc de plomb ne devaient être proscrits qu'en raison des dangers qu'ils pouvaient offrir pour la santé de certaines professions. »

« Votre Commission, s'associant à cette pensée, a dû rechercher, tout d'abord, si ce danger était tellement certain, tellement grand, tellement inévitable qu'il n'y eût d'autre remède à lui opposer que la prohibition ; mais tout en s'attachant à ce point culminant, elle a cru devoir vous présenter, en même temps dans leur ensemble, les considérations qui peuvent éclairer les autres parties de la question soumise à votre examen.

1° Hygiène.

« Les préparations de plomb, et notamment la céruse, constituent un poison subtil et lent, qui, introduit par le simple contact ou par les voies respiratoires au sein de l'organisme, y détermine les accidents les plus funestes et peut causer la mort.

« C'est là un fait constant, qu'il ne faut ni dissimuler, ni amoindrir, qu'il convient, au contraire, de rappeler au début de cette discussion ; car il marque le but que la science doit s'efforcer d'atteindre et inspire au Gouvernement, soucieux de protéger la santé des classes ouvrières, ces vues philanthropiques que les Comités réunis dans cette circonstance tiennent tous deux à honneur de seconder par leurs travaux.

« Mais, en même temps, il faut se garder d'exagérer l'insalubrité que peuvent offrir les industries qui préparent ou emploient le plomb, et ne pas oublier qu'une des lois du travail de l'homme est de s'exercer trop souvent dans les conditions les plus défavorables à la santé et au bien-être physique.

« Ce n'est pas ici le lieu de passer en revue les diverses professions insalubres ; il est, cependant, permis de dire qu'un grand nombre portent en elles des causes de maladies non moins graves et surtout plus difficiles à éviter que celles qui travaillent le plomb.

« Dans ces dernières, qui doivent seules nous occuper, il est une distinction capitale à faire entre les dangers de la falrication et ceux de l'emploi des préparations saturnines. Cela est d'autant plus important que la vérité, sur ce point, est loin d'être suffisamment connue, et que les préjugés qui l'obscurcissent ont jusqu'ici résisté même à l'autorité des faits.

« A. — La *fabrication* de la céruse reste, en effet, pour le plus grand nombre, la plus périlleuse des industries, et, par malheur, cette opinion est encore aujourd'hui trop justifiée par le chiffre des malades que certaines usines livrent, chaque année, à l'Assistance publique.

« Les statistiques des hôpitaux de Paris, recueillies depuis quatorze ans, quelque inexactes, quelque insuffisantes qu'on les suppose, témoignent hautement des dangers auxquels sont exposés les cérusiers employés dans certaines fabriques.

« Si la mortalité, celle du moins qui est accusée dans les relevés des établissements hospitaliers, a réellement diminué parmi eux dans les quatre dernières années, les affections saturnines ne les ont guère frappés en moindre proportion.

« Mais, en même temps, un autre fait ressort des dernières statistiques fournies par les rapports annuels de l'un des membres du Conseil de salubrité de la ville de Paris, M. Chevalier, dont le nom restera attaché à cette partie de l'histoire de l'hygiène professionnelle ; c'est la différence considérable qui existe entre le chiffre des malades provenant des deux principales fabriques du département, différence qui n'est pas seulement en rapport avec le nombre d'ouvriers employés par chacune d'elles, mais qui tient aux procédés suivis dans l'un et l'autre établissement.

« La différence est plus marquée encore, si on compare ce qui se passe aux environs de Paris avec l'état actuel des choses, soit dans les usines du département du Nord, soit à l'étranger, en Angleterre par exemple.

« Les rapports si intéressants du Conseil d'hygiène et de salubrité de la ville de Lille font foi d'un fait désormais acquis, c'est que la fabrication de la céruse ne fait plus une seule victime dans les usines convenablement établies, et que des années entières se sont écoulées sans qu'un ouvrier y ressentît les atteintes de l'empoisonnement saturnin. Ce grand et heureux résultat ne doit pas être attribué à quelques circonstances fortuites ; il est le fruit légitime et constant de perfectionnements introduits dans cette industrie, sous la double pression des efforts incessants de l'Administration et surtout de la concurrence salutaire du blanc de zinc.

« Pour n'avoir pas atteint la dernière limite, ces améliorations n'en sont pas moins de nature à rassurer complètement sur les effets de la fabrication de la céruse.

« Nous n'avons pas à exposer ici en quoi consistent ces perfectionnements, qui portent à la fois sur les procédés de fabrication et sur les précautions personnelles imposées aux ouvriers ; qu'il suffise de dire que, substituant presque partout les machines à la main de l'homme, et les appareils clos à l'exploitation à l'air libre, ils ont principalement pour but de mettre l'ouvrier à l'abri des poussières de plomb ; parfaitement connus aujourd'hui, ils ont passé dans la pratique, et s'il reste encore quelque chose à faire, il serait extrêmement difficile d'arriver à une réforme complète.

« En résumé, la fabrication de la céruse, dangereuse seulement par l'imperfection des procédés employés, n'offre plus aujourd'hui aucune cause réelle d'insalubrité qui puisse être de nature à justifier la suppression de cette industrie. Il serait sans raison comme sans justice de fermer, comme compromettant la santé des ouvriers, des usines où dans toute une année on n'en rencontre pas un seul atteint d'affection saturnine.

« Il appartient d'ailleurs à l'autorité supérieure de rendre la fabrication absolument sans danger, en imposant aux fabricants et aux cérusiers, par des règlements formels, l'adoption des moyens de préservation que la science indique et que l'expérience a déjà consacrés.

« B. — En ce qui touche l'*emploi* des préparations de plomb, la question n'est peut-être pas tout à fait aussi simple et doit rester, jusqu'à un certain point, distincte.

« En effet, le blanc de plomb employé par les peintres n'est pas seul en cause.

« Les raisons sanitaires, qui pourraient justifier l'interdiction de la céruse dans les travaux de peinture, s'appliqueraient, avec non moins de force, aux diverses préparations saturnines usitées dans les arts, dans l'industrie, dans l'économie domestique, et dont il est impossible de calculer l'influence sur la santé publique.

« Aussi est-ce là un sujet digne d'être signalé à toute l'attention des administrateurs et des savants, et dans lequel la substitution du blanc de zinc au blanc de plomb n'a fait qu'ouvrir la voie. Quoi qu'il en soit, c'est sur ce point que doivent presque exclusivement porter nos observations.

« Les peintres, qui sont au nombre de 6.000 environ à Paris, ne figurent dans les statistiques des affections saturnines que pour un cinquième environ.

« Ces chiffres sont sans doute fort au-dessous de la réalité ;

car les peintres en bâtiment forment une classe d'ouvriers assez aisés, qui, pour la plupart, soit en raison de leurs ressources personnelles, soit par les soins des entrepreneurs, soit encore par l'assistance des sociétés de secours mutuels, se font rarement soigner à l'hôpital.

« Mais encore là il faut reconnaître que la négligence des précautions les plus simples est la principale source des accidents et que le grattage, notamment, qui constitue l'opération la plus nuisible, pourrait perdre une partie de ses inconvénients à l'aide de certains moyens préservatifs, tels que le mouillage à l'eau de soude des surfaces peintes, etc., etc. Il est vrai que là où il s'agit d'un travail isolé, l'ouvrier ne peut être protégé contre sa propre incurie par les prescriptions tutélaires de l'Administration; mais il ne demeure pas moins certain que le danger peut encore, même de ce côté, être, jusqu'à un certain point, atténué.

« D'ailleurs, un remède plus certain existe aujourd'hui et peut être considéré comme éprouvé, c'est le blanc de zinc. dont l'innocuité ne saurait être proclamée trop haut et qui a déjà remplacé en partie la céruse dans les travaux de bâtiments. L'hygiène ne peut qu'applaudir à ce progrès.

« Là se borne sa mission, puisque, d'une part, les moyens existent de neutraliser les effets délétères de la peinture au blanc de plomb; et que, d'une autre part, ceux-ci tendent à disparaître radicalement, avec la substance qui les produit, devant la supériorité hygiénique du blanc de zinc.

« Pour tous les autres usages des préparations de plomb, vernis, couleurs diverses, émaux, poteries, verres et cristaux, mastics, caractères d'imprimerie, etc., leur fabrication ou leur emploi, sans être exempts d'inconvénients, ne paraissent pas présenter assez de danger pour qu'il ne soit pas permis de compter sur les moyens préservatifs généraux actuellement connus. Par ce double motif, on le voit, au point de vue de l'hygiène, l'emploi de la céruse ne peut pas plus être proscrit que la fabrication.

1° Intérêts commerciaux et financiers.

« Nous avons dû nous attacher, avant tout, à rechercher jusqu'à quel point l'hygiène pouvait être intéressée dans le projet soumis à votre examen. Mais il est un autre ordre de considérations qui ne sauraient être passées sous silence, et qui, bien que subordonnées à la question sanitaire, doivent exercer une influence puissante sur la décision du Gouvernement.

« Nous avons vu déjà que les préparations de plomb, autres que la céruse, ne pouvaient être, quant à présent, remplacées dans un grand nombre de leurs applications industrielles ou artistiques. Il y a là une nécessité dont il est impossible de ne pas tenir compte.

« Il n'est pas permis davantage de ne pas se préoccuper de la situation que ferait au commerce la prohibition de la céruse, même pour le seul emploi de la peinture en bâtiments. L'accord qui existe entre la majorité des fabricants de blanc de plomb et ceux qui exploitent le zinc ne doit pas faire illusion sur ce point ; on ne peut, en effet, s'abuser sur les conséquences immédiates, inévitables de la suppression de la première industrie et du monopole accordé à la nouvelle.

« Les effets d'une telle perturbation seraient incalculables ; car le commerce se trouverait dans la dépendance de la production et de l'exploitation du zinc, d'où l'abus des contrefaçons qui, dès aujourd'hui, se fait déjà sentir, l'avilissement de la qualité des produits et, par suite, peut-être, l'abandon des travaux de peinture, que l'art et l'industrie trouveraient mille moyens de remplacer. »

Après avoir rappelé que le Trésor percevait tous les ans un million de droits sur le plomb et que la France était liée à la Hollande et à la Sardaigne, pays de production, par des traités internationaux ; après avoir insisté sur les difficultés que présentait, au point de vue du droit, l'interdiction de la fabrication du plomb, M. Tardieu concluait ainsi :

« Si les considérations que nous venons d'avoir l'honneur de présenter aux deux Comités réunis reçoivent leur approbation, nous leur proposerons, au nom de la Commission, de transmettre à M. le Ministre l'avis suivant :

« 1° Il n'y a pas lieu d'interdire la *fabrication de la céruse*, les perfectionnements introduits dans cette fabrication lui ayant enlevé, d'une manière à peu près complète, son insalubrité et ses dangers ; mais il importe que l'Administration prenne des mesures efficaces pour que ces perfectionnements soient adoptés dans toutes les usines, et que celles-ci soient l'objet d'une surveillance spéciale.

« 2° Il n'y a pas lieu d'interdire l'*emploi de la céruse* dans les travaux de peinture, car certaines précautions peuvent mettre, jusqu'à un certain point, les ouvriers à l'abri des poussières de plomb et, d'ailleurs, pour cet usage particulier, *la substitution du blanc de zinc au blanc de plomb tend à s'opérer naturellement.*

« L'appui du Gouvernement et la différence des droits perçus sur le plomb et sur le zinc favorisent cette transformation, sans perturbation violente, sans atteinte portée à la liberté du commerce.

« 3° L'interdiction de la *fabrication* et de l'*emploi* de la céruse dans les arts et dans l'industrie aurait, de plus, l'inconvénient de susciter les plus graves difficultés, au point de vue de l'état des finances et de la légalité. »

Ce rapport est adopté ; une Sous-Commission à laquelle s'adjoindront MM. Gilbert et Isabelle, architectes, est chargée de rédiger, dans l'intérêt de la santé des ouvriers.

1° En ce qui concerne la fabrication de la céruse, le projet d'un règlement et d'une application pratique ;

2° En ce qui concerne l'emploi de la même substance, un projet d'instruction à répandre à un grand nombre d'exemplaires, afin de propager la connaissance des moyens préservatifs et d'en recommander l'usage aux ouvriers, et, s'il y a lieu, un projet de dispositions réglementaires.

Nous sommes en 1853 et « durant plus de quarante ans le silence se fit sur cette question » (1).

En 1875 paraissait un Traité sur l'hygiène et la pathologie professionnelle des industries, du docteur Layet, bientôt suivi des ouvrages remarquables de Napias, Proust, Poincaré, en France, et de Hirt et Eulenberg en Allemagne.

Il est intéressant de lire un passage du *Manuel d'hygiène professionnelle* du docteur Napias, qui écrivait à la page 316 :

« On est presque honteux de penser que cette question, qui intéresse si fort l'hygiène publique, qui touche de si près à l'intérêt de *centaines de mille d'ouvriers* est pendante depuis un siècle et que, dès 1785, Guyton de Morveau proposait de substituer le zinc au plomb.

« Le *blanc de zinc* est capable de donner les mêmes résultats que le blanc de céruse ; chaque fois que les commissions de savants, de chimistes, d'architectes, etc., ont étudié la question, il a été reconnu que le *blanc de zinc* ne le cédait pas au *blanc de plomb*.

« Mais la routine incurable s'est opposée à la généralisation de ce procédé de peinture ; la routine a trouvé une formule :

« *Le blanc de zinc couvre moins que le blanc de plomb.*

« Et le nombre de ceux qui se payent de formules a répété l'aphorisme et l'a tenu pour l'indiscutable vérité.

« C'est vainement que Chevalier, que Tardieu, que le Comité des arts et manufactures, que le Comité consultatif

---

(1) Rapport Breton, page 29.

d'hygiène, etc., ont émis leur avis : la formule sacramentelle était trouvée. La *routine* l'opposait vigoureusement à tout argument. La pratique même de chaque jour, une pratique de plus de trente ans (aujourd'hui disons cinquante), n'a pas vaincu *l'implacable sottise* des routiniers. »

En 1879, M. Paliard, architecte de la Préfecture de police, communiqua à la Société de médecine publique et d'hygiène professionnelle les statistiques annuelles du Conseil d'hygiène du département de la Seine.

Elles relevaient un grand nombre d'affections saturnines, soldées par plus de 10.000 journées d'hôpital annuellement. Le 2 mai 1881, M. Armand Gautier, professeur à la Faculté de médecine de Paris, présentait au Conseil d'hygiène et de salubrité du département de la Seine un rapport sur les dangers du plomb à Paris.

Plus de 30.000 ouvriers de différentes corporations, disait le rapport, se trouvaient soumis aux émanations et poussières plombiques.

En présence de ces résultats inquiétants, le Conseil d'hygiène nomma une Commission et rédigea une instruction (23 décembre 1881).

A la suite de la mise en vigueur de cette instruction, le nombre des cas de saturnisme diminua dans des proportions considérables d'abord, pour remonter lentement mais progressivement (1).

Attribuant, et non sans raison, cette recrudescence du saturnisme à l'inobservation du règlement de 1881, M. A. Gautier, dans son second rapport, demandait le rappel de l'instruction à tous les intéressés et sa publication dans les chantiers, usines, locaux où l'on utilise les composés du plomb.

« Il est juste de déclarer également que bon nombre de

______

(1) Ces faits sont constatés dans le rapport de M. A. Gautier du 18 septembre 1899 au Conseil d'hygiène publique et de salubrité du département de la Seine.

fabricants, dans cet ordre d'idées, n'avaient pas attendu que pareilles précautions leur fussent prescrites ; mais que, devançant les arrêtés préfectoraux et les diverses mesures qui leur furent imposées dans la suite, ils réussirent à améliorer considérablement la situation de leur personnel » (1).

De 1881 à 1900, la question de la céruse disparaît des préoccupations populaires; mais c'est pour se réveiller bientôt avec plus d'intensité.

TROISIÈME PHASE

Les ouvriers peintres, puissamment organisés en syndicat, avaient pris l'initiative de la campagne contre la céruse ; c'est sous leur patronage qu'eurent lieu, tant à Paris qu'en province, de nombreuses conférences ; celles des docteurs Félix Brémond (26 novembre 1900) au Musée social, et Laborde, membre de l'Académie de médecine, au grand amphithéâtre de la Faculté sous la présidence de M. le doyen Brouardel (13 janvier 1901), eurent le plus grand retentissement.

En 1901, M. Baudin, alors Ministre des Travaux publics, sur les instances de quelques syndicats ouvriers, après une visite à l'Association des peintres « Le Travail » et au siège du syndicat des peintres de Paris (2), adressa une circulaire aux ingénieurs en chef des ponts et chaussées pour les inviter à examiner au point de vue technique si le blanc de zinc pouvait être substitué au blanc de céruse. Les résultats de cette enquête parurent concluants pour le blanc de zinc.

Sur 113 rapports qui la composèrent, 73 furent favorables à l'adoption du blanc de zinc, 32 proposèrent de ne l'appliquer qu'aux travaux intérieurs, les autres prétendirent

---

(1) *La question de la céruse et la protection ouvrière*, par E. Chamaillard, docteur en droit. — H. Jouve, éditeur, 1905.

(2) Rapport Breton, page 39.

qu'à l'intérieur comme à l'extérieur les sels de zinc ne sauraient remplacer ceux du plomb.

Egalement sur la demande du Ministre des Travaux publics, M. Waldeck-Rousseau, Président du Conseil, Ministre de l'Intérieur, soumettait d'autre part la question au Comité consultatif d'hygiène publique de France. Il priait en même temps son collègue, M. Leygues, Ministre de l'Instruction publique et des Beaux-Arts, de saisir de cette même question le Conseil général des bâtiments civils.

Enfin, le 16 janvier 1901, M. Millerand, Ministre du Commerce, de l'Industrie, des Postes et des Télégraphes, chargeait la Commission d'hygiène industrielle, instituée par arrêté du 11 décembre 1900, d'élaborer un règlement particulier relatif à l'emploi des dérivés du plomb dans l'industrie de la peinture.

Le rapport de M. Moyaux, inspecteur des bâtiments civils, était soumis le 27 février 1901 au Conseil général des mêmes bâtiments.

« Le blanc de zinc, dit-il, est tout aussi solide, tout au moins dans les intérieurs, et plus beau que le blanc de céruse, qui jaunit rapidement.

« Est-il démontré que ces peintures résistent moins bien aux intempéries que celles au blanc de plomb ? Les uns disent oui, les autres non. On ne paraît pas encore suffisamment fixé sur ce point ; toutefois, la présomption serait plutôt contre le blanc de zinc employé dans les peintures à l'extérieur... »

Le Conseil général des bâtiments civils émettait l'avis « que la substitution du blanc de zinc au blanc de céruse pourrait avoir lieu, sans compromettre la durée des travaux, pour les peintures *intérieures* sans nuire à leur aspect et sans augmenter leur prix de revient.

« Mais en ce qui concerne les peintures extérieures, que la durée en serait moindre. »

Le 4 mars 1901, M. Ogier, membre du Comité consultatif d'hygiène publique de France, présentait son rapport à ce Comité. Il s'étonnait que cette question, qui est loin d'être nouvelle, n'eût pas été tranchée plus vite et plus complètement ; puis, après avoir exposé longuement les travaux du Comité, il concluait ainsi :

« D'où vient que la substitution très désirable du blanc de zinc au blanc de céruse est si lente à se faire ?

« Il y a là, nul n'en saurait douter, une question de routine contre laquelle il convient de réagir. Le mode d'emploi des deux peintures n'est pas absolument le même ; le travail est peut-être un peu plus difficile avec le blanc de zinc ; en tous cas, il n'est pas identique au travail de la céruse. Par là s'explique la résistance que font à l'emploi du blanc de zinc, un bon nombre d'ouvriers habitués depuis leurs débuts à l'usage de la céruse.

« En résumé, deux produits principaux, la céruse et l'oxyde de zinc, sont employés comme matières fondamentales dans la peinture en bâtiment.

« Si l'on consulte des hommes compétents et sans parti pris, on acquiert la certitude que le blanc de zinc peut être, sans difficultés spéciales de main-d'œuvre, sans augmentation appréciable de prix de revient, substitué au blanc de céruse dans la presque totalité des travaux de peinture, quelques-uns disent même dans tous les travaux de peinture sans exception.

« Or, s'il est vrai que la fabrication de la céruse, autrefois si meurtrière, est devenue, grâce aux perfectionnements des méthodes et appareils et à de sages mesures d'hygiène infiniment moins insalubre qu'autrefois, il est certain, d'autre part, que l'emploi de ce produit par les peintres en bâtiment est resté dangereux et fait encore chaque année beaucoup de victimes.

« La fabrication du blanc de zinc ne présente pas de dangers spéciaux dus à des propriétés toxiques du métal mis en œuvre. Et l'on n'a pas constaté d'accidents dans l'application des couleurs à base de zinc.

« Dans ces conditions, les hygiénistes ne peuvent que désirer voir se repandre de plus en plus l'emploi des couleurs à base de zinc. Ils auront même quelque droit de s'étonner qu'après tant d'années écoulées depuis les premières applications du blanc de zinc, la substitution ne soit pas encore plus radicalement effectuée.

« Irons-nous jusqu'à demander, comme l'a fait le syndicat des ouvriers peintres, l'interdiction de la fabrication et de la vente de la céruse ? Assurément non, une telle mesure serait inapplicable et illogique, puisque la céruse a dans l'industrie, notamment en céramique, des emplois autres que la peinture, et puisqu'en somme nous ne sommes pas absolument sûrs qu'elle ne soit pas indispensable pour quelques travaux de peinture. Si l'on entrait dans cette voie, il faudrait encore supprimer d'autres couleurs à base de plomb, non moins dangereuses que la céruse, comme les chromates et le minium surtout, dont l'importance est grande et dont le remplacement par une couleur inoffensive n'apparaît pas encore comme pratique.

« Nous vous proposerons donc de répondre à la question posée par le Ministre de l'Intérieur, que :

« La substitution des peintures à base d'oxyde de zinc aux peintures à base de céruse est tout à fait désirable au point de vue de l'hygiène ;

« Cette substitution semble possible dans la très grande majorité des travaux de peinture ;

« Par suite, les administrations de l'État donneraient un exemple salutaire, feraient une œuvre d'hygiène très utile en proscrivant, chaque fois que cela sera possible, la substitution du blanc de zinc au blanc de céruse dans les travaux exécutés pour le compte de ces administrations. »

Sans attendre les avis du Conseil des bâtiments civils et du Comité consultatif d'hygiène, M. Mougeot, Sous-Secrétaire d'Etat aux Postes et Télégraphes, reprit le premier les mesures prohibitives de 1849 et 1852.

En effet, le 20 février 1901, il émettait une circulaire spécifiant que :

« Dans le but d'éviter les effets pernicieux du blanc de céruse, à l'avenir il serait fait exclusivement usage de peintures ou enduits à base de zinc, dans tous les locaux occupés par le service, ou destinés à l'installation de ses bureaux. »

Le 25 mars 1901, c'était M. Millerand, Ministre du Commerce, de l'Industrie, des Postes et des Télégraphes, qui interdisait par un arrêté l'usage de couleurs ou enduits à base de blanc de céruse dans tous les travaux qui seront exécutés dans les locaux ou dans ceux occupés par des services dépendant du Ministère.

Enfin, M. Baudin, Ministre des Travaux publics, adressait le 1ᵉʳ juin 1901, une circulaire aux Préfets indiquant qu'il ressortait de son enquête, d'une part, que la substitution du blanc de zinc au blanc de céruse est tout à fait désirable au point de vue de l'hygiène, de l'autre, que cette substitution peut être réalisée sans inconvénient au point de vue technique.

Suivant l'exemple qui leur était donné par ces deux Ministères, bon nombre de municipalités interdisent, elles aussi, par arrêtés motivés l'emploi de la céruse dans les travaux à effectuer sur les bâtiments communaux.

Pour ne citer que les plus importantes, nous mentionnerons seulement les municipalités de Lyon, Bordeaux, Nancy, Orléans, Reims, Montpellier, Amiens, Roubaix, Bourges, Quimper, Châteauroux, etc.

Le maire de Montluçon ayant pris un arrêté (13 février 1901), interdisant l'emploi de la céruse dans les travaux de peinture exécutés par des particuliers sur le territoire de la commune, cet arrêté fut annulé par le Préfet de l'Allier: « parce que le maire de Montluçon avait excédé les pouvoirs qui lui sont conférés par l'article 97 de la loi du 5 avril 1884, en ce sens qu'il porte atteinte à la liberté des particuliers ».

La Céruse à la Chambre des Députés.

Le 4 juillet 1901, la Chambre des Députés est saisie pour la première fois de la question de la céruse par une interpellation de MM. J.-L. Breton, Dubois, Levraud, qui réclament d'urgence une mesure générale applicable à tous les travaux publics.

« L'interpellation que nous déposons, disait M. Breton n'a aucun caractère politique ; elle vise une question purement humanitaire.

« La céruse, qui forme la base des enduits et de presque toutes les peintures, est un poison violent qui agit parfois rapidement, le plus souvent lentement, mais d'une façon continue, sur la santé des ouvriers peintres... Les statistiques officielles démontrent que, chaque année, environ 150 ouvriers peintres sont tués par le blanc de céruse et que 500 ou 600 de ces intéressants travailleurs sont frappés, par suite de l'usage de cette substance toxique, des plus graves infirmités, parfois même de folie. » (1).

M. Waldeck-Rousseau, président du Conseil, répondit ainsi à cette question :

« Les Travaux publics ne sont pas dans le service du Ministre de l'Intérieur ; je ne puis m'occuper que des travaux départementaux et communaux, et dans une mesure nécessairement restreinte. J'indique à l'auteur de l'interpellation que j'adresserai, probablement dès demain matin, une circulaire aux Préfets pour appeler leur attention sur les conclusions de la Commission d'hygiène, et leur demander, dans la mesure où cela leur sera permis, d'agir dans le sens indiqué par cette Commission » (2).

---

(1) *Journal officiel* du 4 juillet 1901, page 1820.
(2) *Journal officiel* du 4 juillet 1901, page 1820.

Cette circulaire, qui rappelait les termes de celle adressée cinquante ans auparavant par M. de Persigny et qui en reproduisait les conclusions, fut en effet émise par M. le Président du Conseil quelques jours après, le 11 juillet 1901. Elle signalait l'avis du Comité consultatif d'hygiène publique de France et décidait que :

« Dans tous les travaux relevant directement du Ministère de l'Intérieur, l'emploi exclusif du blanc de zinc serait imposé aux concessionnaires, et que dans les cas où les architectes croiraient devoir se servir de blanc de céruse, ils devraient se pourvoir d'autorisations exceptionnelles et spéciales de l'Administration supérieure. »

Le 21 octobre 1901, le général André, Ministre de la Guerre, adressait à son tour une circulaire à MM. les Généraux commandant les corps d'armée, leur signalant « les dangers que présente l'emploi de la céruse pour les ouvriers et leur montrant qu'il était désirable de voir substituer d'autres produits à celui-là, partout où cela serait possible.

« En conséquence, ajoutait le Ministre, j'ai décidé que pour tous les travaux exécutés dans les établissements militaires, il sera interdit à l'avenir de faire usage de couleurs ou enduits à base de blanc de céruse. »

Enfin, le 30 novembre 1901, M. Leygues, Ministre de l'Instruction publique et des Beaux-Arts, prenait une mesure identique.

Quelques mois plus tard, le 21 août 1902, M. Pelletan, Ministre de la Marine, adressait aux vice-amiraux, commandants en chef, préfets maritimes, etc., une circulaire ordonnant la substitution du blanc de zinc au blanc de céruse. Il y ajoutait fort heureusement l'interdiction du vert arsenical, dit vert de Schwernfurth, en poudre (1).

En ce qui concerne les travaux publics on pouvait donc

---

(1) Rapport supplémentaire, Breton, page 48.

considérer la question comme résolue presque totalement dès la fin de 1901.

Il ne restait plus aux Ministres qui avaient pris de si heureuses initiatives qu'à veiller soigneusement à l'exécution des ordres qu'ils avaient donnés (1).

Il n'en fut pas pourtant toujours ainsi, comme le démontrèrent les importantes adjudications de céruse opérées pour le compte de certains Ministères. Aussi M. J.-L. Breton, Levraud et E. Dubois reprirent leur interpellation et la développèrent au cours de la discussion générale du budget du Ministère du Commerce à la séance du 4 février 1902.

Ils demandaient au Gouvernement d'interdire l'usage de la céruse dans les travaux particuliers par un règlement d'administration publique en application de la loi du 12 juin 1893 concernant l'hygiène et la sécurité des travailleurs.

M. J.-L. Breton commença par faire l'historique de la question de la céruse « pour bien établir que cette question n'est pas nouvelle ». Après avoir exposé toutes les mesures de prohibition déjà prises, il ajoutait : « Mais tout cela est-il suffisant et doit-on limiter là la lutte contre l'épouvantable poison? Nous ne le pensons pas et je tiens à démontrer, en quelques mots, à la Chambre, que le mal est assez grand pour justifier d'autres mesures ».

Il fit alors le tableau de toutes les souffrances et infirmités dues à l'emploi du plomb ou de ses composés et demanda au Ministre de prendre, en vertu de la loi du 12 juin 1893, un arrêté interdisant complétement l'emploi de la céruse dans tous les travaux de peinture.

L'article 3 de cette loi porte, en effet, que :

Art. 3. — Des règlements d'administration publique, rendus après avis du Comité consultatif des arts et manufactures, détermineront :

---

(1) Rapport supplémentaire, Breton, page 48.

« 1° .....

« 2° Au fur et à mesure des nécessités constatées, les prescriptions particulières relatives soit à certaines industries, soit à certains modes de travail. »

Dans sa réponse, M. Millerand, Ministre du Commerce, indiqua la procédure qu'il comptait suivre pour arriver à une solution :

« On n'a pas soulevé, dit-il, et je ne compte pas soulever la question de droit qui consisterait à discuter dans quelles limites doit se renfermer un décret pris à propos du blanc de céruse. Je rappelle simplement que les droits du pouvoir exécutif sont en cette matière fort étendus, que la Cour de cassation a reconnu, à maintes reprises, au pouvoir municipal le droit de prohiber l'emploi de certains matériaux et qu'en exécution de la loi du 19 juillet 1845 sur la vente de substances vénéneuses, a été rendue une ordonnance de 1846, dont l'article 10 proscrit absolument l'emploi de l'arsenic et de ses composés pour certains usages déterminés. Je ne veux pas tirer de ces faits la conclusion qu'il serait facile d'en déduire, et voici pourquoi : c'est que la question est en ce moment à l'étude ; c'est que la loi de 1893 prescrit au Ministre du Commerce de ne prendre, en cette matière, un règlement d'administration publique qu'après avis du Comité consultatif des arts et manufactures et du Conseil d'État. J'ai envoyé le projet de décret de la Commission d'hygiène industrielle devant le Comité consultatif ; il ira ensuite devant le Conseil d'État. Je n'entends pas par là en aucune façon diminuer la responsabilité du Ministre qui aura en dernier lieu à prendre une décision ; je tiens simplement, en terminant, à assurer la Chambre que, le moment venu de prendre cette décision, il sera tenu compte de tous les intérêts en présence au premier rang desquels se place l'intérêt de la santé publique. »

La Chambre applaudit à ces paroles, et à l'unanimité

moins une voix vota l'ordre du jour suivant présenté par MM. J.-L. Breton, Levraud et E. Dubois.

« La Chambre, comptant sur le Gouvernement pour rendre, conformément à la loi du 12 juin 1893 concernant l'hygiène et la sécurité des travailleurs, un règlement d'administration publique visant l'emploi de la céruse dans les travaux de peinture, passe à l'ordre du jour. »

Le Ministre du Commerce n'avait pas attendu le vote de la Chambre pour s'occuper de la réglementation, visant les travaux particuliers. Le 16 février 1901, il avait chargé la Commission d'hygiène industrielle d'élaborer un projet de réglementation relatif à l'emploi des dérivés du plomb dans l'industrie de la peinture.

Sous la présidence du docteur Napias et avec le concours de MM. Laborde et de Pulligny, cette Commission adoptait, le 21 mars 1901, un rapport net et formel en faveur de la prohibition de la céruse dans la peinture en bâtiment.

Article premier. — L'emploi de la céruse est interdit dans l'industrie de la peinture en bâtiment.

L'article 2 concernait, à titre transitoire, la réglementation des travaux de grattage et de ponçage des anciens fonds de peinture à base de plomb.

L'article 3 imposait aux chefs d'industrie, directeurs ou gérants, l'obligation de l'affichage du décret dans leurs ateliers.

L'article 4 n'accordait qu'un délai de six mois pour la mise en application de l'article premier.

« Ce projet était parfait », dit M. Breton dans son rapport supplémentaire, mais le Comité consultatif des arts et manufactures, consulté conformément à la loi du 12 juin 1893, le transformait entièrement, jugeant que, dans l'état actuel des choses, on ne saurait se passer complètement du blanc de céruse; et il n'interdisait que l'usage de la céruse en poudre, autorisant entièrement l'emploi de la céruse à l'état de pâte.

Le Ministre du Commerce adopta ce texte mais en y ajoutant des clauses concernant l'interdiction immédiate de l'emploi de la céruse et de l'huile de lin lithargirée dans tous les travaux d'impression, de rebouchage et d'enduisage et l'extension de cette prohibition, dans un délai de trois années, à tous les travaux de peinture effectués à l'intérieur des bâtiments.

Ce règlement outrepassait les intentions des législateurs de 1893 et le Conseil d'Etat déclara que pareille mesure, car il ne s'agissait plus de prescription à faire observer, mais bien d'une interdiction, excédait les pouvoirs du Ministre du Commerce.

Aussi M. Millerand se contenta-t-il alors de soumettre à l'approbation du Président de la République un second texte approuvé par le Comité consultatif des arts et manufactures et le Conseil d'Etat.

Ce texte devint le décret du 18 juillet 1902.

Article premier. — La céruse ne peut être employée qu'à l'état de pâte dans les ateliers de peinture en bâtiment.

Art. 2. — Il est interdit d'employer directement avec la main les produits à base de céruse dans les travaux de peinture en bâtiment.

Art. 3. — Le travail à sec au grattoir et le ponçage à sec des peintures au blanc de céruse sont interdits.

Art. 4. — Dans les travaux de grattage et de ponçage humides, et généralement dans tous les travaux de peinture à la céruse, les chefs d'industrie devront mettre à la disposition de leurs ouvriers des surtouts exclusivement affectés au travail, et en prescriront l'emploi. Ils assureront le bon entretien et le lavage fréquent de ces vêtements.

Les objets nécessaires aux soins de propreté seront mis à la disposition des ouvriers sur le lieu même du travail.

Les engins et outils seront tenus en bon état de propreté, leur nettoyage sera effectué sans grattage à sec.

Art. 5. — Les chefs d'industrie seront tenus d'afficher le texte du présent décret dans les locaux où se font le recrutement et la paye des ouvriers.

« Mais, ajoutait le Ministre dans son rapport au Président de la République, pour les raisons d'hygiène et de salubrité qui m'avaient déterminé à préparer le texte primitif du décret, je me réserve de vous demander ultérieurement de présenter au Parlement un projet de loi spécial visant l'interdiction écartée par le Conseil d'État. »

En effet, le 30 octobre 1902, M. Trouillot, Ministre du Commerce, déposait, à la tribune de la Chambre des Députés, un projet de loi sur l'emploi des composés du plomb dans les travaux de la peinture en bâtiment.

Dans ce projet, le Ministre disait :

La peinture en bâtiment n'est, à la vérité, pas la seule industrie où soit employée la céruse, et celle-ci n'est pas non plus le seul composé plombique dont la manipulation soit dangereuse.

Mais la peinture en bâtiment est sans contredit la plus importante, la plus répandue parmi les industries qui emploient les composés du plomb ; c'est aussi celle où, en raison de la dissémination des chantiers, il est le plus difficile de veiller à la stricte observation, de la part des ouvriers, de mesures d'hygiène préventives.

Quant à la céruse, elle est à la fois le composé plombique de beaucoup le plus usuel dans l'industrie de la peinture et celui dont le remplacement par des produits inoffensifs peut être considéré, en général, comme industriellement possible.

On conçoit donc que le projet de loi n'aborde pas l'interdiction immédiate d'autres produits dangereux, mais beaucoup moins couramment employés, tels que minium, et se borne à en prévoir l'interdiction éventuelle, par règlement d'administration publique le jour où la substitution d'un produit inoffensif serait reconnu également facile et pratique.

Voici d'ailleurs le texte du projet de loi :

« *Article premier*. — Dans les ateliers, chantiers, bâtiments en construction ou en réparation et généralement dans tout lieu de travail où s'exécutent des travaux de peinture en bâtiment, les chefs d'industrie, directeurs ou gérants sont tenus, indépendamment des mesures prescrites, en vertu de la loi du 12 juin 1893 sur l'hygiène et la sécurité des travailleurs, de se conformer aux prescriptions suivantes :

« *Art.* 2. — Dans un délai d'un an, à partir de la promulgation de la présente loi, l'emploi de la céruse et de l'huile de lin lithargirée sera interdit dans tous les travaux d'impression, de rebouchage et d'enduisage.

« *Art. 3.* — Dans un délai de trois années à partir de la même date, l'interdiction édictée par l'article précédent s'étendra à tous les travaux de peinture, de quelque nature que ce soit, exécutés à l'intérieur des bâtiments.

« Un règlement d'administration publique rendu après avis du Comité consultatif des arts et manufactures et de la Commission d'hygiène industrielle instituée auprès du Ministre du Commerce pourra étendre cette interdiction aux travaux exécutés à l'extérieur des bâtiments.

« L'interdiction totale ou partielle des autres produits à base de plomb employés dans l'industrie de la peinture en bâtiment pourra être également prononcée par un règlement d'administration publique rendu dans les mêmes conditions.

« *Art. 4.* — L'autorisation d'employer la céruse ou d'autres produits à base de plomb pourra, par dérogation aux dispositions qui précèdent, être accordée exceptionnellement par le Ministre du Commerce, après avis du Comité consultatif des arts et manufactures pour chaque cas particulier.

« *Art. 5.* — Les inspecteurs du travail sont chargés d'assurer l'exécution de la présente loi. A cet effet, ils ont entrée dans tous les établissements spécifiés à l'article premier. Toutefois, dans le cas où les travaux de peinture sont exécutés dans des locaux habités, les inspecteurs ne pourront pénétrer dans ces locaux qu'après y avoir été autorisés par les personnes qui les occupent.

« *Art. 6.* — Les articles 5, 7, paragraphes 1 et 3, 9 et 12 de la loi du 12 juin 1893 sont applicables à la constatation des contraventions prévues par la présente loi, ainsi qu'à leur répression. »

Le 25 novembre 1902, la Commission (1) chargée d'examiner ce projet de loi était nommée par les bureaux de la Chambre et le 28 du même mois elle adoptait le rapport de M. J.-L. Breton qui était déposé le même jour.

A peine ce rapport était-il distribué que des protestations surgirent de différents côtés et la Commission décida de ne pas en demander la mise à l'ordre du jour immédiate afin de pouvoir se livrer à une enquête approfondie et entendre tous les intéressés.

Le 28 mai 1903, M. J.-L. Breton déposait un deuxième et très remarquable rapport supplémentaire (2) ; la discussion du projet de loi avait lieu le 30 juin 1903.

---

(1) Cette Commission était composée de MM. Emile Dubois, *président;* Petit, *secrétaire* ; Jules-Louis Breton, Lachaud, Bachimont, Paul Constans (Allier), Clovis Hugues (Seine), Meslier, Emile Chautemps (Haute-Savoie), Ballande, Empereur.

(2) Voir rapport supplémentaire sur l'emploi des composés du plomb, par J.-L. Breton, n° 941, Chambre des Députés, 8ᵉ législature, session de 1903.

MM. de Gailhard-Bancel, Castelnau, Ermant, Dubois, Levraud, Breton, Noël prirent part à la discussion.

Après avoir repoussée par 355 voix contre 194 une motion préjudicielle de MM. de Gailhard-Bancel et de Castelnau, invitant le Gouvernement à consulter les syndicats professionnels patronaux et ouvriers avant d'aborder la discussion du projet de loi, la Chambre prenait en considération, par 291 voix sur 271, un amendement Noël sur l'article 2.

« J'estime, disait M. Noël, que le délai d'un an accordé par l'article 2 est beaucoup trop court. Si nous devons nous préoccuper de la santé des ouvriers, nous ne devons pas oublier les intérêts des industriels. Or l'application à bref délai des articles 2 et 3 de la loi obligera les fabricants de blanc de céruse à fermer leurs usines sans leur laisser le temps de modifier leur outillage... La production de la céruse représente actuellement 22 millions de kilogrammes ; les industriels que j'ai consultés estiment qu'avec cette loi leur production baissera de neuf dixièmes, c'est-à-dire se réduira à 2 ou 4 millions de kilogrammes... Le capital engagé dans cette industrie s'élève à 15 millions... Je demande que le délai imparti par l'article 2, qui est d'*un an*, soit porté à *deux ans*. »

La Commission, acceptant l'amendement Noël, l'article 2 est ainsi rédigé :

« Dans un délai de *deux ans*, à partir de la promulgation de la présente loi, l'emploi de la céruse et de l'huile de lin lithargirée sera interdit dans tous les travaux d'impression, de rebouchage et d'enduisage. »

La Céruse au Sénat.

Le projet de loi, voté le 30 juin 1903 par la Chambre, était déposé au Sénat le 22 octobre suivant.

La Commission sénatoriale était nommée trois semaines après, le 12 novembre (1) et sa première réunion avait lieu le 17 novembre.

Le 4 décembre, elle entendait M. Expert-Bezançon. Notre collègue, reprenant l'historique de la question, rappelait les conditions déplorables de la fabrication de la céruse jusqu'en 1843 ; il énumérait ensuite les améliorations apportées à l'installation des usines et il critiquait vivement le projet de loi appelé, disait-il, à porter un coup mortel à une industrie florissante, alors que par l'application des règles d'hygiène, par l'aération des ateliers, la destruction des poussières plombiques, la propreté des vêtements, le nettoyage des mains, il est facile de préserver les ouvriers de toute intoxication.

A la fin de cette même séance, M. Treille était désigné comme rapporteur provisoire et chargé du dépouillement des nombreux documents transmis au Président de la Commission et en particulier des dossiers de l'enquête des entrepreneurs de peinture de Bordeaux.

Avant d'exposer les travaux de la Commission, nous tenons à rendre hommage à notre ancien collègue M. Treille ; les conclusions de son rapport ne sont pas les nôtres, mais il nous est agréable de proclamer qu'il a essayé d'accomplir

---

(1) La Commission était composée de MM. Berthelot, président, Garreau, secrétaire, Thuillier, Ponthier de Chamaillard, Peyrot, Daumy, Alcide Treille, Poirrier, Collinot.

Deux modifications se sont produites, M. Emile Labiche a remplacé comme membre et président M. Berthelot, démissionnaire et M. Touron a été élu à la place de M. Collinot, décédé.

une œuvre digne d'un bénédictin, ne ménageant ni son temps ni sa peine, guidé par la conception de ce qu'il croyait être la vérité.

Il a analysé pour ainsi dire au microscope l'enquête des entrepreneurs de Bordeaux ; sa conviction a été puisée dans les 1.620 feuillets de cette enquête et dans les longues colonnes destinées aux accidents professionnels. La mention « néant » y revient à chaque ligne, avec une quasi-unanimité qui nous laisse quelques doutes sur la sincérité des réponses et la liberté d'esprit des ouvriers.

Les seuls reproches que nous serions tenté d'adresser à M. Treille, c'est de ne s'être préoccupé que d'un seul côté de la question ; c'est de n'avoir pas examiné sous tous les aspects un problème humanitaire et social au premier chef et d'avoir trop souvent élagué comme superflues toutes les considérations étayées sur l'expérience et l'autorité des sommités médicales et scientifiques.

Nous ne publierons pas toutes les dépositions recueillies par la Commission ; on les trouvera aux annexes du rapport Treille. Nous nous bornerons à une analyse concise de quelques-unes d'entre elles.

Le 18 décembre, la Commission recevait MM. Abel Craissac et L. Gallet, délégués de la Fédération nationale des ouvriers peintres. « Dans leurs revendications, disent-ils, les peintres se sont toujours appuyés sur la science et l'humanité » ; puis, après un exposé des diverses opérations de peinture : impression, bouchage, enduisage et ponçage, ils affirment la très grande fréquence des maladies saturnines ; chez les enduiseurs, en particulier, on observe 60 0/0 d'accidents pathologiques.

« On a parlé, ajoute M. Craissac, d'une enquête faite en faveur du blanc de céruse par la Chambre syndicale des entrepreneurs de peinture de Bordeaux, enquête qui aurait recueilli beaucoup de signatures d'ouvriers. Nous sommes matériellement sûrs, dit M. Craissac, que la plupart des signa-

tures ont été extorquées et que, pour celles qui resteront
après un examen attentif, il sera très difficile d'établir l'iden-
tité des ouvriers signataires.

« Vous comprenez bien, Messieurs, la situation d'un ouvrier, père de famille, qui se trouve en présence d'une pétition présentée par son patron. En toute sincérité, je vous
pose la question : « Jouit-il de sa liberté complète, pleine
et entière? » Non, il ne jouit pas de sa liberté complète,
pleine et entière, et, lorsque, après coup, un camarade vient
lui dire : « Comment! tu as signé cette pétition! » il répond :
« Qu'est-ce que tu veux? Je ne pouvais pas faire autrement ». Oh! on ne le mettra pas au repos, comme nous
disons, pour avoir refusé de signer la pétition, ... mais, un
jour, deux jours, trois jours après, pour un motif quel-
conque, on le remerciera....

« Je laisse donc à votre appréciation, Messieurs, la
façon dont ces pétitions ont été obtenues; si nous nous re-
portons, d'un autre côté, à leur rédaction, nous voyons
qu'elle constitue une charge écrasante pour leurs auteurs.
Elles ne trouvent, sur 6.188 ouvriers peintres, que 135 cas
de maladie pendant toute leur existence. Or, nous, dans
notre milieu seulement, dans notre quartier des Epinettes,
parmi les camarades avec lesquels nous sommes en relations
quotidiennes, nous connaissons, depuis huit jours, car il n'y
a guère que huit jours que nous faisons une enquête à ce
sujet, nous connaissons, en huit jours, des centaines de cas
d'empoisonnement, de paralysie, de mort, par la céruse.
Nous avons ici un certain nombre de déclarations écrites,
légalisées, dont nous allons vous donner connaissance. Vous
voyez que si, dans notre entourage seulement, nous trouvons des cas aussi nombreux, il est impossible que, dans
leur enquête, les patrons de Bordeaux n'aient trouvé que
135 cas de maladie et pas un de mort. »

Nous ne citons ce passage qu'à titre de document pour
montrer quel antagonisme existait dès 1903 et, l'on peut le
dire, dès l'enquête antérieure de M. J.-L. Breton, entre la

Fédération nationale des peintres et les entrepreneurs de Bordeaux. Les chiffres donnés des deux côtés nous semblent ou trop faibles ou trop élevés, et nous ne chercherons pas, en nous basant sur de tels calculs, à établir l'âge moyen d'un peintre, ce qui n'a rien à voir dans la question, mais nous en tirerons une conclusion, d'accord en cela avec M. Treille, c'est que « pour nier que l'ouvrier peintre puisse présenter des accidents du saturnisme, il ne faut être ni peintre ni médecin ».

Dans cette même séance, M. Craissac reconnaissait que le nombre des victimes du saturnisme est beaucoup moins considérable à l'heure actuelle que par le passé, surtout dans les fabriques de céruse où l'on peut appliquer les règlements d'hygiène. Puis, parlant de l'emploi de la céruse dans les travaux extérieurs, il ajoutait qu'il était du même avis que les entrepreneurs de peinture, pour attendre la fin des expériences faites à l'annexe de l'Institut Pasteur et que « suivant leurs résultats, le Gouvernement prenne telle décision qu'il jugera utile ».

En somme, la déposition du représentant du Syndicat national des ouvriers peintres était un réquisitoire contre l'emploi de la céruse dans tous les travaux de peinture, basé sur leur expérience personnelle et sur les déclarations des docteurs Layet, Constantin Paul, Laborde.

Cette longue audition concordait avec l'esprit du rapport Breton. La Commission, dès le commencement de ses travaux, se trouvait en face d'une protestation nettement formulée au nom de 47 syndicats d'ouvriers peintres. Elle était donc dans l'obligation de commencer une enquête des plus approfondies pour élucider, d'une façon complète, l'état de la question.

Puis, par délégation de la Commission, M. Treille entendit MM. Georges Petit et Parrot, ingénieurs civils, le bureau de la Chambre syndicale des entrepreneurs de couleurs et vernis de Paris, ainsi que le bureau de la Chambre syndicale des entrepreneurs de peinture, vitrerie, dorure de Paris (janvier 1904).

Entre temps, la Commission continuait à recevoir des dépositions : nous ne citerons que pour mémoire celle de M. Pénier-Lefranc, représentant de la Chambre syndicale des produits chimiques de Paris. Pour témoigner de notre impartialité, nous retiendrons cependant de son audition cette observation que le blanc de zinc, d'après son assertion, absorberait plus d'huile que la céruse, d'où augmentation de main-d'œuvre et de matières premières.

Le 25 juillet 1904, M. Abel Craissac, délégué correspondant et trésorier de la Fédération nationale des ouvriers peintres, remettait entre les mains du rapporteur un dossier de protestations contre l'emploi de la céruse.

Ce dossier contenait 164 pièces se rapportant à divers départements et ces pièces se composaient de déclarations de maladies, de certificats de médecins, de procès-verbaux, de lettres particulières (1).

Ce dossier d'ailleurs était repris quelques jours après par M. Craissac pour être remis de nouveau au rapporteur en décembre 1904. Il contenait pour Paris la mention de 30 accidents saturnins et de 73 pour la province sous des formes variées (coliques, paralysie des mains et des bras, affaiblissement de la vue, goutte, nécrose, etc.) (2).

Au cours de sa nouvelle audition le 13 décembre 1904, M. Craissac faisait la déclaration suivante :

« Nous désirerions être entendus simplement pour vous démontrer que la pétition qu'on nous oppose comme seul argument, celle des entrepreneurs de Bordeaux, est absolument sans valeur.

« Nous avons eu la chance de pouvoir connaître quelques-uns des signataires de cette pétition. Nous leur avons

---

(1) Voir rapport Treille, page 747.
(2) Voir rapport Treille, pages 345 et suivantes.

écrit et ce sont leurs réponses que nous désirerions vous soumettre.

« La plupart des signataires à qui nous avons écrit n'ont pas pu nous répondre, par cette excellente raison qu'ils sont inconnus à l'endroit où ils sont domiciliés par la pétition. Nous vous montrerons quelques-uns des retours. »

M. Craissac donne non seulement lecture de plusieurs enveloppes qui lui sont revenues avec la mention « inconnu », mais aussi de plusieurs réponses à la contre-enquête faite au nom de la Fédération nationale.

Il remet en même temps à la Commission toutes les lettres ainsi que le dossier des dépositions faites par des ouvriers signalant des cas de morts, de paralysies, etc.

Nous ne nous attarderons pas aux accusations portées par M. Craissac contre les patrons au sujet des ouvriers signataires de la protestation des entrepreneurs — inconnus ou partis sans laisser d'adresse ; nous ne relèverons pas davantage les faits de pression reprochés par la Fédération à certains entrepreneurs. M. Treille a analysé les lettres déposées par M. Craissac ; il déclare que « l'enquête a été loyale, sincère, faite en laissant à chaque ouvrier son entière liberté ».

Nous nous inclinerons devant un jugement si nettement formulé, nous bornant à faire plus loin état de documents nouveaux relatifs à l'enquête des entrepreneurs ; ils nous ont paru susceptibles de retenir l'attention de la Commission.

Il nous sera cependant permis d'exprimer — non pas une critique — mais un regret : c'est que M. Treille ait cru devoir scruter, avec une conscience digne de tout respect mais disproportionnée avec l'importance du sujet, toutes les dépositions de l'enquête des entrepreneurs et toutes les pétitions adressées à la Fédération des ouvriers peintres.

Soucieuse de recueillir tous les renseignements utiles, la Commission faisait appel, le 17 janvier 1905, aux lumièrcs de M. le professeur Brouardel ; nous ne saurions mieux faire que de donner un exposé rapide de sa déposition, d'après le procès-verbal rédigé par le secrétaire de la Commission.

L'ancien doyen de la Faculté de médecine de Paris déclare, tout d'abord, que les propriétés toxiques du blanc de céruse sont démontrées par le résultat des recherches chimiques, anatomiques et cliniques.

Au point de vue chimique, il est incontestable que, chez les individus qui ont longtemps manié les préparations de plomb, on trouve, dans les différents viscères, une quantité de plomb appréciable. M. Meyer, qui dirige le laboratoire de l'Académie de médècine, a pris chacun des organes, les a analysés et a constaté la présence du plomb dans le plus grand nombre d'entre eux, depuis les cheveux jusqu'au foie, etc. Le plomb se fixe dans les organes à l'état d'albuminate de plomb et y séjourne pendant un temps infini. Il se répand d'ailleurs aussi bien dans le cerveau que dans la moelle et le rein.

Pour l'anatomie pathologique, c'est-à-dire en ce qui concerne les lésions, ce sont celles des organes par lesquels le plomb s'élimine ordinairement. Lorsque le plomb est introduit dans l'économie, il s'élimine par la peau, par la salive, et surtout par les reins. Des recherches sur ce sujet ont été faites en 1863 par Fritz Verliac et Ollivier, internes de M. Tardieu. Ces recherches ont été reprises par MM. Charcot et Gombault. Chez des animaux, en mélangeant du blanc de céruse aux aliments, on a produit artificiellement une néphrite interstitielle avec atrophie progressive.

Il y a aussi des lésions du système nerveux, qui ont été étudiées principalement par Mme Klumpke Dejerine, qui a constaté des lésions de la moelle cervicale. Les malades meurent surtout parce que toute leur économie se trouve prise. Chimiquement, on trouve du plomb dans tous leurs tissus ;

anatomo-pathologiquement on en trouve aussi dans tous leurs tissus.

Au point de vue clinique, on constate les douleurs, les épisodes de l'intoxication plombique qui ne déterminent pas toujours la mort. Il y a la colique de plomb, la paralysie des extenseurs, des muscles des membres. Cette paralysie guérit plus ou moins complètement, mais elle dure des années. L'individu atteint n'est pas frappé seulement dans ses moyens d'existence, mais dans sa vie ultérieure, dans sa descendance, et les statistiques montrent que le nombre des grossesses qui n'arrivent pas à terme, chez les femmes qui ont été frappées d'intoxication saturnine, sans même avoir eu des coliques de plomb, est considérable. Les enfants qui naissent meurent fréquemment en bas âge et, sur cent grossesses, une vingtaine à peine arrivent à produire des individus vivants et bien constitués.

Chez un enfant qui était né à six ou huit mois, M. Porack a constaté qu'il y avait une diffusion de plomb dans tout le corps de cet enfant et même dans le placenta.

Il y a donc là tout un ensemble de faits concordants et l'on peut dire que la famille est frappée dans les parents, dans la progéniture, pendant la vie du malade comme après sa mort.

Aussi, tout ce que l'on pourra faire pour remplacer par une substance non nuisible le blanc de céruse, qui est un toxique, sera un bienfait.

En terminant, M. Brouardel cite un exemple sur une des particularités du plomb qui est celle-ci : lorsque l'on donne à quelqu'un une certaine quantité de plomb, 25 centigrammes par jour, pendant sept ou huit jours, le sujet n'a pas d'intoxication ; mais si on lui donne les 25 centigrammes en un mois, il est intoxiqué, ce qui prouve que le danger existe dans l'absorption journalière et prolongée.

Répondant à une demande de M. Peyrot qui s'adressait non à l'hygiéniste, mais au statisticien et qui lui demandait si l'on observait dans les hôpitaux un grand nombre de cas de coliques plombiques et paralysies radiales et à combien se montait annuellement ce contingent pour Paris, M. Brouardel croyait pouvoir affirmer qu'il entre dans les hôpitaux de Paris 150 malades pour coliques de plomb. Pour les paralysies saturnines on garderait les malades quatre ou cinq jours et après un traitement de bains sulfureux et d'électricité, on les renverrait ; ils sont le plus souvent traités dans des cliniques particulières. Quant à la statistique, elle est difficile à faire. Sur 150 malades, il en mourrait peut-être un ou deux. Seulement, lorsqu'un peintre a eu un certain nombre d'attaques de coliques ou de paralysie, il abandonnerait son métier et, quelques années après, mourrait d'une hémorragie cérébrale par exemple ; on le porterait sur la statistique sans y ajouter le mot « saturnin » (1).

Le 11 mars 1905, la Commission recevait une délégation des fabricants de céruse présentée par M. Expert-Bezançon, venue pour poser la question de l'indemnité au cas où le Parlement voterait la suppression du produit qu'ils fabriquent, car. disaient-ils, l'on ne peut détruire une industrie sans qu'il y ait indemnité, aucun fabricant de céruse ne pouvant établir du jour au lendemain une fabrique de blanc de zinc.

Déjà, le 19 décembre 1902, la Chambre de commerce de Lille et la Chambre syndicale des produits chimiques de Paris avaient soutenu la même thèse.

Quelques jours après, la Commission entendait M. le professeur Armand Gautier. Comme nous l'avons fait pour M. Brouardel, nous donnerons les principaux passages de sa déposition d'après le procès-verbal.

...La question relative à l'interdiction de la céruse est une question complexe et il est démontré que l'industrie de ce produit à l'état de poussière était la plus dangereuse au point de vue de l'intoxication, car cette poussière se solubilise dans l'estomac. D'ailleurs M. A. Gautier a montré, dans ses

---

(1) Voir annexe du rapport Treille, page 842.

rapports antérieurs, que si les industries employant le plomb en poussière étaient dangereuses, elles le devenaient infiniment moins lorsque les composés du plomb sont mélangés à l'huile ou à l'eau. Une autre pratique fort mauvaise est celle qui consiste, pour le peintre en bâtiment, à racler ou à brûler les vieilles peintures à l'aide d'un chalumeau, et les ouvriers chargés de ce travail sont plus exposés que les peintres eux-mêmes à l'empoisonnement saturnin, ne pouvant pas se soustraire aux poussières plombeuses ainsi produites.

« En raison de tous ces inconvénients et méfaits de la peinture au plomb, mais tenant compte, d'autre part, de la difficulté de la remplacer par d'autres produits qui n'ont pas les mêmes qualités, nous avons demandé au Conseil d'hygiène, et bien des fois émis le vœu que la totalité des peintures employées par l'Etat et par les Administrations de la ville de Paris, lorsqu'il s'agit de peintures à l'intérieur des habitations, soit exclusivement faite avec des substances non plombifères, par exemple, avec le sulfure de zinc, les oxysulfures, les oxysulfures mélangés de sulfate de baryte, etc., procédés que l'on sait employer aujourd'hui pour remplacer le plomb, et qui couvrent suffisamment.

« Mais je ne voudrais pas prendre la responsabilité de demander la même exclusion du plomb pour les peintures extérieures, parce que celles-ci, lorsqu'elles sont faites avec des enduits comme ceux que je viens de citer, dans lesquels l'oxyde, le sulfure de zinc, ou les sulfates ne contractent aucune combinaison avec le corps gras, n'ont aucune tenue, aucune résistance. Elles ne peuvent être soumises ni à l'action de l'humidité, ni surtout aux intempéries ou à l'eau de mer. Consistant en de purs mélanges où la substance couvrante n'a contracté aucune combinaison avec l'huile, elles n'ont aucune stabilité. Ce n'est pas que ces peintures ne couvrent pas suffisamment, c'est qu'elles ne sont pas suffisamment inaltérables. La combinaison avec l'huile qui se fait dans le cas de la céruse, combinaison imperméable, inaltérable à l'eau, à la fois plastique et tenace, ne se fait pas avec les oxydes de zinc ; l'insolubilisation ne se produit pas ; c'est un simple placage mécanique, que l'on ne peut pas espérer voir protéger longtemps les surfaces qui en sont couvertes. »

Dans la suite de sa déposition, répondant à une question de M. Daumy, M. A. Gautier ajoutait :

« Je crois qu'on peut supprimer la céruse à l'intérieur, qu'il y aura quelques inconvénients de détail, un peu plus de dépense, mais que ce n'est pas une chose impraticable et que cette pratique est très désirable. »

Il apparaît donc dès maintenant que la substitution du blanc de zinc à la céruse pour les travaux intérieurs devenait très possible et nous le démontrerons en nous basant tant sur l'enquête des entrepreneurs de Bordeaux que sur l'avis des hygiénistes.

Nous ne citerons que pour mémoire les dépositions de MM. Paul Fleury, peintre décorateur, et Barthélemy, fabricant de mastic au minium, ainsi que la troisième audition de M. Craissac auquel s'étaient joints plusieurs ouvriers peintres atteints d'infirmités dues à la céruse.

Dans sa nouvelle déposition M. Craissac tenait à signaler de nouveau à la Commission les erreurs de la pétition des entrepreneurs de Bordeaux et lui demandait de maintenir dans le projet de loi l'interdiction absolue de l'emploi de la céruse.

La Commission entendait le jour même M. L. Ciroux, président de la Chambre syndicale des entrepreneurs de peinture de Bordeaux, qui déclarait avoir été amené à s'occuper de la question de la céruse par suite du vote par la Chambre des Députés du projet de loi visant ce produit. La céruse a pu autrefois être la cause d'accidents graves et mortels, explique-t-il, mais aujourd'hui qu'on la reçoit toute broyée, elle n'offre plus le même danger. Si l'on supprime la céruse, l'on se trouve débordé par des produits étrangers et tant en Belgique qu'en Allemagne on a renoncé à ce projet. D'ailleurs le projet de loi en suspens sera très difficile à appliquer, car il semble pour ainsi dire impossible de distinguer l'intérieur de l'extérieur d'une maison (1).

Au cours de la séance du 10 avril 1905, M. Treille terminait l'exposé de ses travaux qu'il avait déjà commencé dans les séances des 3 et 17 mars.

Après différentes observations, la Commission votait l'impression du rapport. Il était entendu que cette publication comprendrait l'enquête des entrepreneurs de Bordeaux, la contre-enquêtre du Syndicat national des peintres avec un résumé des lettres de protestation d'ouvriers, l'enquête des hôpitaux et hospices ; enfin les principales dépositions de MM. Craissac, Expert-Bezançon, Brouardel, A. Gautier, P. Fleury, Ciroux.

Le travail d'impression et de correction des annexes du rapport était terminé fin juin 1905 ; et il ne restait plus à faire que la publication du rapport proprement dit et des conclusions.

Enfin, dans la séance du 8 décembre 1905, après un échange de vues entre M. le Rapporteur et plusieurs de ses collègues sur le sens véritable que l'on peut tirer du rapport, la Commission adoptait les conclusions présentées par son rapporteur et qui se résumaient ainsi :

« La Commission décide d'attendre, avant de statuer définitivement, le résultat des travaux de la *Commission instituée auprès du Ministère du Commerce, à l'effet d'étudier la valeur comparée de divers produits employés en peinture*. Elle estime également qu'il est nécessaire de savoir ce que donnera la *nouvelle enquête médicale prescrite par le Ministre du Commerce*, et de connaitre aussi les résolutions auxquelles pourra donner

---

(1) Voir rapport Treille. — Déposition de M. L. Ciroux, page 913.

lieu l'examen du projet de loi relatif aux maladies professionnelles.

« En attendant, elle conseille de remanier dans un sens
libéral *le décret du 18 juillet 1902.*

« La Commission estime en outre, qu'après avoir consulté
les véritables professionnels, et en s'inspirant des dispositions en vigueur à l'étranger, notamment en Allemagne, on
peut facilement arriver à faire, pour l'emploi de tous les
composés du plomb, une réglementation pratique et efficace
qui soit acceptée aussi bien par les ouvriers que par les
patrons. »

Par arrêté en date du 3 novembre 1905, M. le docteur
Mosny, médecin des hôpitaux de Paris, membre de la Commission d'hygiène industrielle, a été chargé par M. le Ministre
du Commerce d'entreprendre l'étude détaillée des divers
cas de saturnisme, observés dans les services hospitaliers de
Paris et de province.

Un délai d'une année a été accordé pour rassembler et
classer les documents fournis par cette enquête. Elle a pour
objet de préparer l'élaboration d'un règlement sur les industries qui utilisent le plomb ou ses composés. Elle s'adresse à
tous les malades qui, à un moment de leur existence et pendant quelque temps que ce soit, ont travaillé dans l'une des
industries, utilisant le plomb ou ses dérivés, et qui présentent des manifestations morbides, pouvant être rattachées
à l'influence de ce métal. Les recherches sont particulièrement orientées vers les manifestations tardives de l'intoxication saturnine.

M. le docteur Mosny a envoyé un questionnaire très
précis non seulement à tous les chefs de service des hôpitaux de Paris mais encore aux médecins des hôpitaux de
tous les grands centres universitaires et des grandes villes
industrielles.

Les résultats de ces investigations sont encore trop
incomplets pour que nous puissions en faire état.

D'autre part, le 15 septembre 1905, le Ministre du Commerce a nommé une Commission d'étude comparative des peintures au blanc de céruse et au blanc de zinc (1).

Telle était la situation des travaux de votre Commission, le 1er janvier 1906. D'aucuns lui ont reproché la lenteur apportée dans l'accomplissement de sa tâche, oubliant sans doute que, suivant une tradition commandée par la prudence et l'impartialité qui président à l'élaboration de son œuvre législative, le Sénat s'est toujours efforcé d'appuyer ses décisions sur les recherches les plus complètes.

---

(1) Cette commission, présidée par M. Pascal, membre de l'Institut, inspecteur général des bâtiments civils, compte parmi ses membres :

MM. Biette, ingénieur des ponts et chaussées, ingénieur en chef adjoint du service de construction du Métropolitain de Paris;

Blavette, architecte du Gouvernement;

J.-L. Breton, député;

Craissac, délégué de la Fédération nationale des Syndicats d'ouvriers peintres de France et des colonies;

Finance, sous-directeur du travail au Ministère du Commerce et de l'Industrie;

Arthur Fontaine, ingénieur en chef des mines, directeur du travail au Ministère du Commerce, de l'Industrie, des Postes et des Télégraphes;

Gerhardt, architecte du Gouvernement;

Launay, ingénieur en chef des ponts et chaussées, membre du Comité consultatif des arts et manufactures;

Mauger, président de la Chambre syndicale des entrepreneurs de peinture;

Ogier, membre du Comité consultatif d'hygiène publique de France;

Perdreau, chef de bureau au Sous-Secrétariat d'Etat des Beaux-Arts;

De Pulligny, ingénieur en chef des ponts et chaussées, secrétaire du Comité consultatif des arts et manufactures;

Riche, membre de l'Académie de médecine;

Robert, secrétaire général de la Fédération nationale des Syndicats d'ouvriers peintres de France et des colonies;

Vaillant, architecte, membre de la Société de médecine publique et de génie sanitaire;

Valmé, industriel, ancien directeur de la maison Leclaire.

Membres nommés ultérieurement :

MM. Haller, membre de l'Institut, directeur de l'École de physique et chimie;

Expert-Bezançon, industriel, sénateur de la Seine;

Diolé, entrepreneur de peinture;

Verné, entrepreneur de peinture.

L'ancien rapporteur avait été autorisé par la Commission à faire une enquête dans les hôpitaux de France et d'Algérie, qui marcha de pair avec l'examen si minutieux auquel il se livrait sur les dossiers fournis par la Chambre syndicale des entrepreneurs de Bordeaux et celui de la contre-enquête de la Fédération nationale des peintres.

M. Treille ne sollicitait pas le renouvellement de son mandat, M. Garreau n'était pas réélu ; il fallait pourvoir à leur remplacement.

M. Maret fut désigné par le 6ᵉ Bureau comme favorable à la réglementation de l'industrie de la céruse. M. Pédebidou reçut du 9ᵉ Bureau le mandat de combattre les conclusions du rapporteur et de réclamer l'interdiction de l'emploi de la céruse à l'intérieur.

La Commission se réunissait de nouveau le 13 mars dernier ; elle était saisie par M. Poirrier d'une proposition tendant à modifier le projet de loi.

« On ne peut nier, dit-il, que la céruse n'offre pas de danger autant pour les ouvriers qui l'emploient que pour ceux qui la fabriquent, mais il ne faudrait pas se borner qu'aux travaux de peinture, d'autres industries étant aussi dangereuses. »

Reprenant les articles du projet, il voudrait que toute la loi tînt dans la modification suivante du paragraphe 2 de l'article 3.

« L'emploi de la céruse et de l'huile de lin lithargirée pourra être interdit dans un délai de............ à partir de la promulgation de la présente loi, dans tous les travaux d'impression, de rebouchage, d'enduisage et dans tous les travaux de peinture de quelque nature que ce soit, exécutés à l'extérieur ou à l'intérieur des bâtiments.

« Cette interdiction sera prononcée par un règlement d'administration publique rendu après avis du Comité consultatif des arts et manufactures et de la Commission d'hygiène industrielle toutes les fois qu'il y aura possibilité au point de vue technique de remplacer les produits visés ci-dessus par des produits non nocifs.

« L'interdiction totale ou partielle de la fabrication de tout produit à base de plomb ou de leur emploi dans la peinture en bâtiment ou dans toute autre industrie pourra également être prononcée par un règlement d'administration publique rendu dans les mêmes conditions.

« Les industries qui se trouveraient supprimées en vertu de la présente loi auront droit à une indemnité ».

La Commission s'ajournait au 16 mars sans prendre de résolution.

Dans sa nouvelle réunion, elle recevait une délégation présentée par M. Craissac, comprenant des ouvriers peintres atteints de maladies saturnines, venus de Saint-Quentin, Nantes, Dijon, pour protester contre certaines allégations se rapportant à l'enquête patronale de Bordeaux et qui sont reproduites dans le rapport Treille.

Notre ancien collègue était entendu quelques instants après pour répondre aux attaques faites contre lui par le Syndicat national des peintres.

Après ces deux dépositions, un long débat s'engageait entre les membres de la Commission sur le projet Poirrier, qui d'ailleurs ne devait pas être pris en considération, et sur la question du saturnisme et ses ravages dans toutes les industries employant le plomb.

Les articles du projet de loi adopté par la Chambre étaient successivement adoptés, sauf l'article 4 complètement remanié.

Nous donnerons à la fin de ce travail, à la suite de nos conclusions, le texte du projet, tel qu'il a été adopté après modifications faites par votre Commission.

Les diverses enquêtes. — La genèse du saturnisme.

Entré à la Commission, avec une opinion très nette sur les dangers de l'emploi de la céruse, nous avions cependant le devoir d'appuyer notre sentiment sur des données certaines.

L'étude des documents si complets, apportés de toute part à votre Commission, n'a fait que le fortifier.

D'autre part, nous nous sommes efforcé de concilier dans une large mesure les intérêts d'une industrie digne de toute notre sollicitude, et ceux d'une catégorie de travailleurs qui revendiquent le droit à la santé et à la vie.

Deux thèses se trouvaient en présence : l'une, soutenue par M. Breton à la Chambre, réclamant l'interdiction de la céruse tant à l'extérieur qu'à l'intérieur des bâtiments et adoptée par les Députés, en ce qui concerne les travaux intérieurs ; l'autre, celle de M. Treille, s'opposant à toute atteinte portée à la liberté de cette industrie et se bornant à réglementer l'emploi de ce produit.

Un premier point nous semble acquis : il n'est contesté par personne, c'est que la céruse est un poison dont l'absorption tant par la peau que par les muqueuses internes provoque les accidents les plus graves.

Est-il possible de mettre les ouvriers qui fabriquent ou manipulent cette substance à l'abri de tout danger ?

Pour trancher cette question, nous avons tenu à nous entourer de tous les éléments d'information.

Il y a cinquante ans, lorsque la céruse était fabriquée par le procédé dit français, tel qu'il était mis en pratique à l'usine de Clichy, l'intoxication saturnine était très fréquente parmi les ouvriers.

Il est juste de reconnaître que de grands progrès ont été réalisés dans les méthodes de fabrication. Nous avons pu

nous en rendre compte pendant la visite faite à l'usine de
notre collègue M. Expert-Bezançon.

Nous sommes heureux de rendre hommage au souci
constant de la santé du personnel qui a inspiré les perfectionnements de l'outillage et dicté les mesures d'hygiène
corporelle qui ont eu pour conséquence la disparition à peu
près complète des accidents saturnins.

Nous admettons très volontiers les affirmations de la
Chambre syndicale des cérusiers, qui ont proclamé l'excel-
lence des résultats obtenus par eux dans toutes leurs usines.

Au reste, il nous a paru bon de signaler en termes très
brefs les différentes phases de la production de la céruse.

Comme chacun le sait, la céruse est un hydrocarbonate
de plomb.

Elle est fabriquée en France et à l'étranger dans de nombreuses usines et par des procédés assez différents.

En France, depuis plus d'un siècle, le procédé hollandais est à peu près général. Mais dans cet espace de temps,
sans rien changer au fond du procédé, les usines ont réalisé
de grands perfectionnements dans leurs méthodes et leur
outillage, au bénéfice de l'hygiène des ouvriers, et aussi de
la diminution de la main-d'œuvre pour un même tonnage de
fabrication.

Les opérations de la fabrication de la céruse par le procédé hollandais sont les suivantes :

1° Fusion du plomb. — Le plomb reçu en saumons doit
être mis sous forme de grilles plates ajourées, pour sa transformation en céruse.

2° Transformation du plomb en céruse. — Cette opération se fait dans des fosses dites loges au moyen d'acide
acétique et d'eau, disposés dans les pots au dessous des
grilles, et d'acide carbonique produit par fermentation de
tannée ou de fumier.

3° Broyage à l'eau des écailles de céruse dans des
meules en pierre.

4° Séchage et pulvérisation de la céruse à l'eau pour céruse en poudre. — La céruse à l'eau sortant des meules est séchée dans des étuves.

Les gâteaux de céruse sèche sortant des meules sont pulvérisés.

5° Broyage à l'huile de la céruse à l'eau pour céruse à l'huile. — Malaxage de la céruse à l'eau sortant des meules avec l'huile nécessaire.

Expulsion de l'eau par émulsion.

Passage de la pâte à l'huile aux cylindres finisseurs.

Désireux d'accomplir une œuvre de bonne foi, nous considérons comme un devoir de ne laisser dans l'ombre aucun des arguments invoqués en faveur de la liberté de l'emploi de la céruse.

Nous apprécierons tour à tour les résultats des diverses enquêtes organisées soit par les parties en cause, soit par M. Treille.

Enquête des entrepreneurs de peinture.

Le projet de loi tendant à interdire l'emploi du blanc de céruse ne pouvait manquer de provoquer de vives alarmes chez les fabricants de ce produit et, par contre coup, parmi les entrepreneurs de travaux de peinture en bâtiment.

Par les soins de la Chambre syndicale des entrepreneurs de peinture de Bordeaux, une vaste enquête fut organisée dans toute la France; les résultats en sont consignés dans dix-sept volumes, mis à la disposition de la Commission.

Deux questionnaires furent adressés aux entrepreneurs de peinture de Paris et des départements : ces industriels furent invités à mentionner les noms et prénoms de leurs ouvriers, leur âge, le nombre d'années écoulées depuis qu'ils exercent la profession de peintres en bâtiment, les accidents morbides provoqués par l'emploi de la céruse, la date et la durée de la maladie.

1.394 maisons, appartenant à 86 départements, ont répondu à la circulaire qui leur avait été envoyée.

Les Chambres syndicales de Paris et de Lyon n'ont pas participé à ces investigations; elles avaient déjà procédé à une enquête particulière.

Un seul département n'a pas répondu : celui des Basses-Alpes.

Les documents des seize premiers volumes
de l'Enquête des entrepreneurs de peinture.

De l'examen des déclarations des divers entrepreneurs de peinture, il résulte que :

1° L'emploi de la céruse n'est pas limité à la peinture en bâtiment, mais qu'elle est employée dans un grand nombre d'industries (1);

---

(1) Les métallurgistes emploient la céruse en pâte pour calfeutrer les boulons; les gaziers et les chaudronniers l'utilisent à la main pour faire des joints.

2° La céruse n'offre plus aucun danger, parce qu'elle est toujours employée en pâte broyée à l'huile et que l'ouvrier n'est pas exposé, comme autrefois, à l'absorption des poussières provenant du tamisage et du broyage ;

3° La profession de peintre en bâtiments est salubre (1) ;

4° La profession de peintre ne porte atteinte ni à l'ouvrier ni à sa descendance (2) ;

5° La loi en projet est une atteinte à la liberté individuelle et une violation de la liberté du travail.

Si la plupart des entrepreneurs ont déclaré qu'ils étaient hostiles à la suppression du blanc de céruse, si leurs ouvriers ont certifié n'avoir jamais éprouvé de malaises sérieux, l'accord n'a cependant pas été complet : des entrepreneurs, des ouvriers protestèrent contre le carbonate de plomb. M. Personne, entrepreneur de peinture à Auxonne, apprécie en ces termes le décret de 1902 : « Le décret en question n'attaque en aucune façon les intérêts du peintre et je comprends mal une protestation non motivée. Je ne trouve aucune raison sérieuse, et votre circulaire n'en contient pas davantage. Il nous est fourni des blancs, à base de zinc, pas plus chers que la céruse, moins dangereux, ne noircissant pas et d'un emploi aussi facile. Si sa durée était moindre, ce qui n'est pas prouvé, nos intérêts ne seraient pas en cause dans ce cas. Les ouvriers que j'emploie ne s'occupant dans tout cela que de la question d'hygiène voient avec plaisir la suppression d'un produit dangereux. Il ne reste guère que les intérêts des fabricants que je n'ai pas l'intention de défendre. »

---

(1) Cette salubrité est affirmée par les entrepreneurs et entrepreneurs ouvriers citant pour exemple à la fois leur immunité personnelle et celle de leurs ouvriers. (Voir rapport Treille, pages 114 à 143).

(2) Déclarations de nombreux entrepreneurs ou entrepreneurs ouvriers citant en exemple leur longévité personnelle ou celle de leurs ascendants leur immunité et celle de leurs enfants (Voir rapport Treille, page 204). Parmi les peintres qui ont répondu à l'enquête, il y avait 549 cinquantenaires, 104 sexagénaires, 44 septuagénaires, 6 octogénaires.

Le volume XVII de l'Enquête.

Ce volume contient les protestations des Chambres syndicales d'entrepreneurs de peinture, de collectivités diverses, de peintres isolés, contre le décret du 18 juillet 1902 ou contre le projet de loi en préparation. Une entière approbation est donnée au rapport présenté par M. Léon Ciroux, au nom de la Chambre syndicale des entrepreneurs de peinture de Bordeaux.

Exposons brièvement les critiques dirigées contre le projet de loi : l'interdiction de la céruse n'est pas nécessaire pour mettre les ouvriers à l'abri de toute intoxication ; tous les inconvénients dus à l'emploi de cette substance peuvent être évités à l'aide de quelques précautions ; si parfois des commencements d'empoisonnement ont eu lieu, ils peuvent être attribués à l'imprudence des ouvriers qui fument des cigarettes ou se mettent à table sans avoir pris soin de laver leurs mains souillées de couleurs à base de carbonate de plomb.

Une des principales causes de l'intoxication saturnine a disparu : l'emploi de la pâte de céruse directement avec la main ; les peintres se servent aujourd'hui d'outils spéciaux.

D'autres produits aussi toxiques, à base de plomb, de cuivre ou de mercure, sont indispensables dans la peinture : tels les verts, les chromes, les vermillons, le minium, seul efficace contre l'oxydation des fers.

Pourquoi ne pas étendre la protection de la loi aux ouvriers qui préparent ou utilisent ces produits et spécialement à ceux qui manipulent le plomb ou ses dérivés, aux plombiers, aux compositeurs typographes, aux fondeurs de caractère d'imprimerie, aux fabricants d'accumulateurs, etc. ?

Les causes du saturnisme.

D'après les entrepreneurs, — nous l'avons déjà noté, — l'intoxication saturnine n'est pas la conséquence de l'emploi du blanc de céruse; elle proviendrait des causes suivantes :

A. — *Le défaut de soins hygiéniques.*

« Parmi le petit nombre d'ouvriers malades, beaucoup le sont par le manque de propreté personnelle (1).

« Si quelques cas de maladie sont occasionnés par la céruse, c'est uniquement par la faute des ouvriers qui ne prennent pas la précaution de se laver les mains avant de manger (2).

« Depuis 1844, date de la création par mon père de notre maison de peinture, un seul ouvrier tuberculeux a été atteint et sous ma direction; mais il faut dire que cet homme était, malgré mes objurgations continuelles, dans un état de saleté abominable (3).

« Agé de 83 ans, j'ai broyé la céruse pendant vingt-cinq ans; j'ai éprouvé au début quelques coliques, parce que j'avais négligé de me laver les mains avec assez de soin (4). »

B. — *La cigarette.*

« Je crois que le mal vient souvent, et j'en ai vu des exemples, du manque d'hygiène de la part des ouvriers qui fument et roulent des cigarettes en travaillant (5).

---

(1) M. Perrot Morand, entrepreneur à Vichy (Allier). F° 1388.

(2) M. Roy (Laurent), entrepreneur ouvrier à Delle (territoire de Belfort). F° 87.

(3) M. Léon Allard, entrepreneur à Besançon (Doubs). F° 1586.

(4) M. Tessier, père, entrepreneur ouvrier à Roquefort (Landes). F° 342.

(5) M. E. Agisson, entrepreneur ouvrier, à Saint-Quentin (Aisne), F° 657.

« Si les ouvriers, tout en n'étant pas soigneux, fumaient moins de cigarettes avec les mains pleines de peinture, il y aurait moins de malades (1).

« Il faudrait exiger des ouvriers de ne pas fumer en travaillant, surtout la cigarette, car c'est de là que proviennent le plus souvent les maladies attribuées à la céruse (2). »

C. — *L'alcool.*

C'est l'abus du petit verre, des apéritifs, de tous les spiritueux qui est le grand coupable : l'absorption de la céruse par la peau et les muqueuses serait inoffensive si les ouvriers s'adonnaient moins à la boisson. Tel est l'avis de la plupart des entrepreneurs.

« En interdisant l'alcool, on supprimera les coliques de plomb (3).

« L'État devrait plutôt supprimer l'alcool aux ouvriers peintres que la céruse (4).

« Je n'ai vu dans ma carrière qu'un seul ouvrier malade, qui était d'ailleurs alcoolique (5) ».

---

(1) M. E. Schneider, entrepreneur ouvrier, à Troyes (Aube), F° 717.
(2) M. Fernand Tenard, entrepreneur, à Villenauxe-la-Grande (Aube), F° 1537.
(3) M. Monnin, entrepreneur ouvrier, à Saint-Jean-de-Bonneval (Aube), F° 1165.
(4) M. Rousseau, entrepreneur ouvrier, à Houdan (Seine-et-Oise), F° 362.
(5) M. Thiabot, entrepreneur, à Sucy-en-Brie (Seine-et-Oise), F° 1557.

Enquête de la Fédération nationale
des ouvriers peintres.

Comme nous le disions dans le chapitre relatif aux travaux de votre Commission à propos des déclarations de M. Craissac, au nom des syndicats ouvriers, il apparaissait clairement que la lutte était engagée, dès 1900, entre le syndicat patronal de Bordeaux et les peintres, après leur premier Congrès à la Bourse du travail de Paris.

M. Craissac, a cherché à réfuter point par point la protestation remise tant à la Chambre qu'au Sénat, signée par 6.188 ouvriers ou patrons, demandant le maintien de la céruse.

Nous ne pouvons ici prendre parti entre les deux enquêtes, mais nous devons indiquer tout l'effort accompli depuis quatre ans par les syndicats ouvriers pour arriver à un résultat favorable à leurs revendications.

Une campagne de presse a été menée par tous les journaux parisiens, sans distinction d'opinions. En même temps des conférences scientifiques avaient lieu tant à Paris qu'en province. M. le doyen Brouardel, sous la présidence de M. Clemenceau, il y a environ un an et demi, exposait devant un auditoire d'ouvriers peintres, dans la salle des Fêtes du Grand-Orient, la genèse du saturnisme.

Après avoir indiqué les ravages causés par la céruse qui frappe non seulement celui qui l'emploie, mais l'atteint dans sa descendance, il ajoutait qu'il espérait voir bientôt le Sénat adopter le projet de loi voté par la Chambre.

M. Clemenceau n'ajoutait-il pas que, si l'on plaignait les victimes de la guerre, il ne fallait pas non plus oublier les victimes inconnues, frappées sur le champ de bataille du travail?

Nous citerons pour mémoire la réunion organisée au Trocadéro, et le Congrès des peintres, tenu le 4 septembre 1904 à Grenoble; 45 délégués représentant 60 organisations de Paris, Angers, Marseille, Nantes, Alger, Roubaix, Tulle, Tours, Brive, Cherbourg, etc., y prirent part et, détail significatif, des délégués des peintres de la Suisse et du Danemark vinrent à ce Congrès apporter à leurs camarades l'assurance de leurs sentiments de solidarité dans la lutte ouverte par les syndicats français contre l'emploi de la céruse.

En somme, la Fédération nationale s'est efforcée de prouver qu'il y avait eu pression patronale lors de l'enquête organisée par les entrepreneurs de Bordeaux; que le nombre des cas de saturnisme était plus considérable que celui indiqué par la statistique des hôpitaux de France; qu'en un mot, la céruse produisait beaucoup plus de ravages dans la classe ouvrière qu'on ne le croyait réellement dans le grand public.

Aussi, pour justifier sa campagne, la Fédération a-t-elle fait appel, le plus souvent, au témoignage des membres les plus éminents du corps médical et, par une série de conférences et de meetings dans toutes les grandes villes de France, est-elle arrivée à créer un imposant courant d'opinion, favorable à l'interdiction du blanc de céruse.

L'Enquête de M. Treille dans les hôpitaux.

Examinons maintenant l'enquête personnelle de M. Treille dans les hôpitaux et hospices de France et d'Algérie ; elle repose sur des bases fragiles, elle contient des erreurs qui ne sont d'ailleurs nullement imputables à notre ancien collègue, car elles proviennent de l'insuffisance des renseignements tirés des registres d'entrée des hôpitaux.

Les causes exactes de la maladie n'y sont pas toujours mentionnées, les cas de saturnisme n'étant pas inscrits dans la colonne des diagnostics sous leur véritable nom. Nombreux, d'autre part, sont les ouvriers qui, après avoir subi des manifestations légères ou frustes de l'intoxication saturnine, sans en avoir jamais éprouvé un dommage apparent, sont tardivement atteints de lésions imputables au saturnisme. Ils ont parfois abandonné leur métier depuis longtemps, quand ils sont obligés de rentrer à l'hôpital ; ils ne se doutent pas de la relation de cause à effet qui existe entre leur ancienne profession et les accidents dont ils souffrent ; ils ne peuvent donc éclairer la science du médecin appelé à leur donner des soins. Il importe de tenir compte de ces omissions involontaires.

Pour obtenir une statistique parfaite, il aurait fallu reprendre salle par salle, la nomenclature de tous les individus traités dans les hôpitaux, les hospices, les cliniques, scruter les feuilles d'observations, interroger tous les chefs de service.

Ajoutons que les peintres se font presque tous soigner soit à domicile, soit dans des cliniques particulières, quand ils sont atteints des manifestations atténuées du saturnisme, de coliques en particulier. Ils entrent à l'hôpital lorsque les atteintes sont graves ou que, par le chômage prolongé imposé à l'ouvrier, elles ont épuisé ses modestes ressources.

Nous ne saurions donc trop insister sur le manque de précision des statistiques, car aucune d'elles n'indique et ne peut indiquer les cas soignés à domicile ; la plupart échappent à tout contrôle.

L'étude de M. Treille, malgré ses lacunes, montre suffisament l'importance du saturnisme.

Les chiffres donnés par lui, tout en étant loin de la réalité, sont éloquents, et si nous constatons le nombre plutôt restreint des accidents du saturnisme chez les ouvriers fabriquant la céruse, il apparaît que les peintres tiennent largement la première place dans cette longue énumération de maladies engendrées par le plomb et ses composés.

Des protestations virulentes ont été élevées contre les résultats de l'enquête à laquelle s'est livrée la Chambre syndicale des entrepreneurs de Bordeaux. La Commission a entendu les délégués de la Fédération des ouvriers peintres, qui lui ont présenté des ouvriers infirmes, originaires de villes où de rares accidents saturnins avaient été observés.

Nous ne reviendrons pas sur ces faits, nous nous bornerons à citer les résultats probants d'un supplément d'enquête dans les seules villes de Tarbes et de Reims et de Rouen.

Dans le rapport de M Treille, à la page 428, au tableau indiquant par départements et par villes le nombre des entrées de peintres aux hôpitaux, dans la période de 1892, 1893 ou 1894 inclus, à 1903 on trouve :

	HOPITAL DE :	NOMBRE des malades.	NATURE de l'affection.	OBSERVATIONS
Hautes - Pyré - nées............	Lourdes......... Tarbes..........	1	1 coliques saturnines.	De 1894 à 1903. — 10 ans. De 1894 à 1903. — 10 ans. 1 peintre âgé de 40 ans. « Entré à l'hôpital le 9 novembre 1897, sorti le 18 mars 1898 ». (Observation portée sur la réponse de l'hôpital.) Donc 129 jours de traitement.

Ainsi, pendant une période de dix ans, un seul malade a été soigné à l'hôpital de Tarbes pour colique saturnine. Bien mieux, à la page 30 du même Rapport, ne trouvons-nous pas le document suivant :

Lettre des peintres de Tarbes au Président de la Chambre syndicale des entrepreneurs de peinture de la Gironde. — «A défaut, disent-ils, de syndicat organisé dans les Hautes-Pyrénées, nous avons consulté individuellement les peintres de la localité. La plupart, ayant employé la céruse près d'un demi-siècle, n'en ont jamais été incommodés et ayant conservé leur bonne humeur gasconne ont ainsi baptisé ce décret : *La gaffe hygiénique la plus inutile du siècle.*

« Nous croyons avec vous qu'il est employé dans notre métier beaucoup de produits plus dangereux que la céruse ; qu'en somme nous savons que d'autres catégories d'ouvriers sont plus exposées que nous. »

Or, il résulte des déclarations qui nous ont été faites que MM. Louis C..., de Tarbes, aujourd'hui entrepreneur de peinture, a été atteint d'une paralysie saturnine pendant six ou huit mois environ.

Henri M..., peintre à Tarbes, a été affecté de goutte saturnine depuis quatre ans. (Certificat de M. le docteur H. Lupau.)

De plus, E. P... déclare que son frère a été atteint d'albuminurie pendant cinq ans. En 1894, il aurait déjà eu des coliques de plomb pendant trois mois avec paralysie des bras et des jambes. M. le docteur Vianey, de Tarbes, certifie, en effet, avoir donné ses soins pendant près de trois ans à M. E. P..., ouvrier peintre, atteint de paralysie des extenseurs et de néphrite saturnine. Ces accidents étaient causés par une intoxication professionnelle produite par le blanc de céruse. Cet ouvrier est mort d'urémie par suite de sa néphrite saturnine à l'âge de 40 ans, le 22 octobre 1905.

Mme Veuve Marie A... déclare que son mari, mort récemment, a été atteint de coliques et paralysie saturnine. Il était sobre, ne buvant jamais d'alcool. M. le docteur Vianey certifie que ce peintre en bâtiment était atteint de paralysie des extenseurs, tremblements, coliques fréquentes et néphrite saturnine. Ces accidents étaient causés, ajoute-t-il, par une intoxication professionnelle provenant de l'emploi de la céruse. Cet ouvrier, malgré qu'il ait abandonné son travail, durant les huit derniers mois, a succombé des suites de la néphrite saturnine à l'âge de 35 ans, ayant exercé sa profession pendant vingt ans et ayant eu les premières coliques à 18 ans.

Nous sommes donc bien loin du seul saturnin indiqué dans la réponse de l'hôpital de Tarbes.

Nous avons encore dans notre dossier toute une série de lettres de médecins de Reims, demandant la suppression de la céruse et signalant des accidents saturnins, tant dans leur clientèle hospitalière que dans leur clientèle privée. Nous ne pouvons en faire ici une énumération, le temps ainsi que la place nous étant limités.

M. le docteur P. Derocque, de Rouen (1), a fait des recherches auprès des ouvriers peintres de cette ville, il leur a adressé un questionnaire très complet. 120 fiches lui sont revenues.

Parmi les peintres qui ont répondu à son appel :

1 est décédé des suites non douteuses d'intoxication saturnine pendant la rédaction du rapport ;

20 ont accusé des coliques de plomb et de la paralysie des extenseurs ;

1 n'avait pas de paralysie quand il fut vu par le docteur Derocque ;

3 avaient encore de la parésie, mais pouvaient travailler ;

4 sont infirmes ;

---

(1) Enquête sur le saturnisme chez les peintres. Communication à la Société de Médecine de Rouen.

50 autres ont eu des accidents, les coliques en particulier ;

5 ont été probablement touchés par le plomb sans qu'on puisse l'affirmer ;

40, c'est-à-dire 33 pour 100 seulement, ont été indemnes de tout accident.

« Je sais bien, dit le docteur Derocque, qu'il y a le gros argument : Tous ces ouvriers dont on a parlé ont bien des paralysies, ont bien des coliques. Mais tout cela, c'est de l'alcoolisme. Votre enquête porte sur une région marquée d'une tâche très foncée sur les cartes de consommation de l'alcool en France. J'ai signalé des ouvriers sobres qui avaient eu des coliques et des paralysies ; et quand bien même tous les intoxiqués seraient des alcooliques ? Qu'on me montre sur 120 ouvriers, même sur 500 maçons, boulangers, menuisiers, simplement 4 cas de paralysies des extenseurs, qu'on me montre même chez eux 2 paralysies faciales, qu'on me signale 70 individus atteints de coliques répondant à ce qu'on appelait autrefois la colique de plomb. Ce jour-là, je reconnaîtrai que le métier de peintre n'expose pas au saturnisme, que le saturnisme lui-même n'existe pas et qu'il n'y a au monde qu'un seul poison : l'alcool. »

La genèse vraie de l'intoxication saturnine.

Nous avons successivement passé en revue tous les documents provenant des enquêtes faites soit par la Chambre syndicale des entrepreneurs, soit par M. le docteur Treille, soit par la Fédération nationale des ouvriers peintres.

Avec les entrepreneurs, nous reconnaissons volontiers que la propreté des mains et des vêtements et la sobriété sont indispensables à la santé des ouvriers ; nous applaudissons à toutes les mesures prises pour les défendre contre tous les risques d'intoxication : interdiction absolue de se servir des mastics ou enduits à base de céruse directement avec les mains ; obligation d'employer la palette ; changement de vêtements avant de commencer ou de quitter le travail, nettoyage des mains et du visage au moment de prendre les repas ; suppression de la cigarette pendant le travail.

Dans les usines et chantiers bien tenus, ces prescriptions sont rigoureusement observées ; certains industriels y joignent un bain sulfureux gratuit et obligatoire au moins une fois par semaine et une visite médicale hebdomadaire et obligatoire pour tous leurs employés ; d'autres distribuent trois fois par jour une ration de lait, sans doute à titre d'agent préservatif de l'intoxication saturnine. C'est là une opinion erronée contre laquelle il convient de mettre en garde patrons et ouvriers : pas plus que les limonades magnésiennes et le café étendu d'eau, le lait n'est pas un véritable antidote ; dans l'espèce, il sert d'aliment, mais il n'agit pas comme médicament.

L'hygiène générale des ateliers, l'élimination et la destruction mécaniques des poussières, la substitution de la machine au travail manuel ont exercé la plus heureuse influence sur le personnel des fabriques de céruse.

Nous ne saurions, d'autre part, trop nous élever contre cette légende accréditée par les cérusiers, à savoir que tout intoxiqué était préalablement un alcoolique. Certes l'abus des spiritueux est constaté chez beaucoup de peintres : c'est là un fait qui n'est pas particulier à cette profession : il est malheureusement trop souvent observé parmi les ouvriers de tous les métiers. Il est impossible d'établir une relation absolue entre l'alcoolisme et l'intoxication plombique.

Au reste, il n'est pas un médecin, exerçant dans les milieux ouvriers, qui ne puisse affirmer que le saturnisme n'est pas le corollaire obligé de l'alcoolisme.

Certes, l'alcool, comme tous les poisons, affaiblit les moyens de défense de l'organisme et il augmente les ravages de la céruse chez les ouvriers peintres ; mais l'intervention des boissons spiritueuses n'est nullement nécessaire pour le développement des accidents saturnins.

Citons, sur ce point, la déposition de M. le professeur Brouardel :

« Quelle est l'influence de l'alcool en ce qui concerne l'intoxication saturnine ? Il a été fait à ce sujet des expériences qui datent d'assez longtemps ; je veux parler des expériences de Fritz qui était interne de Tardieu en 1860. Ces expériences ont été faites sur des animaux et répétées très souvent. On a donné à des animaux des lésions des reins, de l'albuminurie saturnine, et cela en dehors de toute intervention de l'alcool. Il est donc certain que la personne la plus sobre, qui ne boirait que de l'eau, n'est pas à l'abri d'accidents saturnins : tous les tissus, le foie, le rein, les nerfs sont affectés par l'alcool et par le plomb : quand les deux causes d'intoxication se joignent, il y a naturellement augmentation des lésions. »

D'autre part, n'est-il pas vrai que la céruse pousse l'ouvrier à faire usage de l'alcool ? C'était l'avis de M. le professeur Laborde :

« Je dois dire que les ouvriers peintres sont très enclins à boire ; lorsqu'ils commencent à être atteints par l'intoxication saturnine, ils ressentent, pendant leur travail, un certain affaiblissement ; et c'est pour combattre cet affaiblissement qu'ils prennent de l'alcool, se figurant que cela va leur donner de la force : erreur des plus fatales, car cette force est illusoire, absolument factice ; et c'est la faiblesse réelle qui lui succède, avec le cortège des accidents *alcooliques*. A ce point de vue, il n'est pas sans à-propos de dire combien il est déplorable de voir, à l'heure actuelle, un savant sembler, par une opinion paradoxale, leur donner raison.

« Quoi qu'il en soit, ce n'est pas à cette habitude, quelque réelle et invétérée qu'elle soit, qu'il faut attribuer, comme tendent à le faire certains intéressés, la gravité des accidents plombiques, de nature et de forme toutes différentes, spécifiques, et tels qu'ils ne comportent nulle confusion, et qui font, je ne saurais assez le répéter, la situation la plus pénible qui se puisse imaginer à l'ouvrier obligé pour vivre de s'empoisonner ! »

M. Treille ne partage pas cette opinion ; s'appuyant sur les résultats de sa propre enquête et de celle des entrepreneurs, il s'est efforcé de prouver dans son rapport et dans une communication faite à la Société médicale des praticiens le 21 avril 1905 que :

1° Les formules générales de l'insalubrité attribuée à la céruse sont fausses ;

2° Les accidents saturnins chez les peintres en bâtiment, loin de constituer la règle, n'existent en réalité qu'à l'état d'exceptions, et en très faible proportion par rapport au nombre considérable des peintres ;

3° Il n'y a pas lieu de les attribuer plutôt à la céruse qu'au minium, et, d'une manière générale, ils ne forment que la section saturnine de l'alcoolisme ;

4° Ces accidents diminuent d'ailleurs progressivement de fréquence et d'intensité ;

5° A Paris, la longévité des peintres n'est pas rare ; ils ont un classement très favorable dans la mortalité de 20 à 60 ans ;

6° La profession de peintre en bâtiment, à Paris même, est donc *une profession salubre* ;

7° La campagne menée contre la céruse, au nom de la science médicale, ne s'appuie par conséquent que sur des données inexactes ou des interprétations erronées.

Ainsi l'empoisonnement des ouvriers peintres par la céruse serait une légende « répanduc dans le gros public par des gens de très bonne foi, mais qui ne se rendaient pas compte des suggestions savamment préparées dont ils étaient victimes » (1).

C'est cette thèse que M. Léon Ciroux avait résumée devant la Commission de la Chambre, quand il disait :

« En admettant un instant que le décret du 18 juillet soit en vigueur, en supposant que ce décret pût entrer un jour ou l'autre dans la pratique, en admettant qu'on arrivât à supprimer l'emploi de la céruse, pensez-vous vraiment, Messieurs, qu'on nous aura débarrassés des ravages causés par le plomb? Et aura-t-on obtenu une belle victoire sur l'hygiène des ouvriers peintres?

« Hélas ! non. Nous disons non: 1° parce que ce danger, tel qu'on semble le craindre, n'existe pas ; 2° parce que de tous les produits que nous employons, la céruse est le plus inoffensif, à preuve le personnel présent depuis de nombreuses années dans nos ateliers. Il n'est pas rare, en effet, de rencontrer chez un grand nombre de nos confrères des hommes occupés depuis quinze, vignt, vingt-cinq et même trente années ; s'il y a empoisonnement par la céruse, vous ne pourriez nier, Messieurs, que ce poison n'agisse avec lenteur. »

---

(1) Rapport présenté le 21 janvier 1903 à l'Assemblée générale du Syndicat des industries chimiques et commerces annexes, de Marseille.

Pour répondre victorieusement à ces assertions, nous ferons appel aux dépositions des savants et des hygiénistes les plus expérimentés et les plus compétents.

Ouvrons le très remarquable ouvrage intitulé les *Poisons industriels*, publié par le Ministre du Commerce sous la haute direction de l'éminent directeur du travail, M. Arthur Fontaine ; il est démontré, avec documents à l'appui, que les sels de plomb font dans l'industrie le plus de victimes.

Certaines opérations sont particulièrement meurtrières, parce qu'elles disséminent dans l'atmosphère des poussières vénéneuses facilement absorbées par les voies respiratoires et digestives.

Tels sont le grattage des vieilles peintures à base de céruse et le ponçage à sec qui consiste à passer au papier de verre les enduits primitivement étendus sur les surfaces à peindre, de façon à obtenir un fond uni et homogène.

Les travaux d'impression, d'enduisage et de rebouchage sont également dangereux lorsqu'ils sont effectués à l'aide d'enduits à base de céruse, les ouvriers enduiseurs ayant la mauvaise habitude d'appliquer l'enduit sur la paume de la main où ils le prennent avec un couteau spécial.

C'est surtout par la peau que la céruse s'introduit dans l'organisme. M. le professeur Brouardel, ancien doyen de la Faculté de médecine, est très affirmatif sur ce point :

« Il est démontré, dit-il, que le blanc de céruse, mis en contact direct avec la peau, pénètre facilement. Cela a été démontré d'une façon très curieuse par un élève de mon service, M. Manouvrier, qui est médecin à Valenciennes. Il avait à soigner deux ouvriers peintres atteints tous deux de paralysie saturnine, l'un de la main droite, l'autre de la main gauche : il s'est trouvé que celui qui avait la main gauche malade était gaucher. Cela prouve donc qu'il y avait eu pénétration directe, une absorption par contact. D'ailleurs, cela a été aussi démontré expérimentalement sur des animaux. »

Existe-t-il un autre mode d'absorption ? M. J.-L. Breton, rapporteur de la Commission du plomb de la Chambre des Députés, a cherché à démontrer que des émanations plombiques peuvent provoquer un absorption du plomb par les voies respiratoires, même dans les travaux qui ne produisent pas de poussière.

Il a institué une série d'expériences (1) qui paraissent avoir été concluantes (2). Le blanc de céruse émet à distance des émanations ; ce fait avait déjà été constaté dans une brochure publiée par M. L. van Langendonck, vice-président de la Chambre syndicale des architectes de Bruxelles :

« Les appartements fraîchement peints, au blanc de zinc, peuvent être habités sans aucun inconvénient pour la santé. Le blanc de zinc, n'ayant aucune odeur par lui-même, n'en emprunte une qu'aux liquides avec lesquels on le mélange ; la céruse, au contraire, a une odeur propre, qui est très désagréable et qui se fait reconnaître même longtemps après que les huiles sont sèches et les essences évaporées. »

Les émanations plombiques sont-elles suffisantes pour provoquer des troubles des personnes appelées à les aspirer, les ouvriers peintres en particulier ? S'il m'était permis de mettre en avant ma modeste personnalité, je pourrais apporter dans ce débat et sur ce point spécial une observation faite sur moi-même : elle serait de nature à démontrer qu'il n'est pas sans inconvénient pour l'organisme d'habiter une chambre fraîchement peinte à la céruse.

L'assimilation des sels de plomb est difficile à haute dose ; mais ils agissent à faible dose et si l'absorption est journalière et continue, ils s'accumulent dans les organes, s'éliminent avec peine et provoquent parfois de graves accidents.

---

(1) J -L. Breton : rapport à la Chambre des Députés, page 119.

(2) M. Trillat, sur la demande de M. J,-L. Breton, a repris ces expériences dans son laboratoire de l'Institut Pasteur ; il n'a pas trouvé trace d'émanations.

C'est là le mode d'absorption pour les ouvriers peintres; la dose quotidienne est minime; l'action nocive est invisible; le poison agit lentement, mais sûrement; quand le mal éclate, l'organisme est déjà profondément envahi. Et combien l'échéance morbide est plus certaine quand — n'est-ce pas la règle? — l'ouvrier peintre laisse tomber sur son visage et sur ses mains des gouttelettes de blanc de céruse, lorsqu'il ne brosse pas ses mains avant les repas et qu'il ne change pas de vêtements avant et après le travail, quand il fume pendant ce même travail et se sert d'outils maculés par la peinture.

Les maladies saturnines.

Les méfaits du plomb se traduisent par une série d'accidents, expression symptomatique d'une intoxication souvent définitive : coliques de plomb, arthralgies, troubles nerveux moteurs et sensitifs, paralysies, encéphalopathie, tremblements; puis les accidents chroniques (anémie progressive, néphrite, goutte, artériosclérose).

De plus, la présence du plomb dans l'économie favorise le développement d'autres maladies et en particulier de la phtisie pulmonaire, ainsi que l'ont démontré Hirt, en Allemagne, Thoinot et Layet, en France.

« On parle beaucoup, dit le professeur Layet, de tuberculose aujourd'hui et tout le monde a entendu parler de son fameux bacille. Ce mot bacille vient d'un mot grec βασιλεύς, qui veut dire à la fois sceptre ou soliveau. Eh bien, Messieurs, devant l'hygiène sociale, le bacille de la tuberculose doit rester soliveau. Il ne deviendra sceptre que pour des organismes déchus, amoindris dans leur résistance vitale et incapables de réagir contre les agressions des agents infectieux. Donnez largement, en fait d'hygiène administrative, de l'eau, de l'air, de la lumière, la somme de bien-être qu'il faut donner à chacun; donnez largement, en fait d'hygiène morale, la volonté et l'énergie de bien penser et de bien agir, supprimez en fait d'hygiène industrielle tous ces poisons qui sapent l'organisme du travailleur et le laissent sans force et comme épuisé devant le premier bacille venu. Les saturnins payent un important tribut à la tuberculose. Hirt, en Allemagne, en a depuis longtemps signalé la fréquence chez eux. Il y a plus de vingt ans que Leudet en France a montré son développement rapide chez les saturnins chroniques et son évolution plus rapide encore vers une terminaison funeste. »

Quant à l'action nocive exercée par sa profession sur la descendance du peintre, elle est depuis lonhtemps démontrée.

Nous trouvons dans l'ouvrage intitulé : *Les poisons industriels*, les statistiques suivantes, déjà citées par le docteur Brémond et par le regretté professeur Laborde, membre de l'Académie de Médecine, au cours de leurs conférences, en 1899 et 1902 :

Sur 123 grossesses, le père et la mère étant saturnins, Constantin Paul a constaté 64 avortements, 4 accouchements prématurés, 5 mort-nés, 20 décès dès la première année. D'autre part, sur 43 grossesses survenues à des femmes intoxiquées par le plomb, il a noté 32 fausses-couches, 3 mort-nés, 2 enfants vivants mais très chétifs. Enfin, sur 1000 grossesses chez des femmes travaillant dans le plomb, Tardieu accuse 609 avortements.

L'intoxication du fœtus par hérédité a lieu également lorsque le père seul est saturnin, bien que la présence du plomb dans le corps du fœtus ait été rarement constatée. Ainsi sur 141 grossesses survenues dans ces conditions, Constantin Paul a compté 82 avortements, 4 naissances avant terme, 5 mort-nés ; et sur les 50 enfants vivants, 20 sont morts dans le courant de la première année et 15 autres de 1 an à 3 ans.

A ceux qui, invoquant les progrès de l'hygiène chez les ouvriers peintres depuis vingt ans, seraient tentés d'infirmer la valeur de ces statistiques déjà anciennes, nous opposerons les faits relevés dans un travail plus récent, inspiré par M. le professeur Pinard et publié par M. le docteur Balland en 1896 sous le titre de : *Saturnisme et Grossesse* : 236 grossesses chez des femmes intoxiquées ont eu pour résultat 42 0/0 d'avortements, 26 0/0 d'accouchements prématurés et seulement 32 0/0 d'accouchements à terme. Sur les enfants nés vivants et viables, 27 0/0 seulement ont survécu, 6 0/0 sont venus mort-nés, 26 0/0 ont succombé peu après l'accouchement ; on voit ainsi que la grossesse n'a été fructueuse que 27 fois sur 100.

Et le docteur Balland ajoute : « Les femmes qui accouchent à terme ne donnent le jour qu'à des enfants faibles, d'un poids très inférieur à la normale et qui meurent dans les premiers mois ou les premières années... Une mère saturnine donne avec son lait à son nourrisson une intoxication lente et progressive par le plomb qu'il peut contenir. »

Enfin, d'après de nombreuses observations recueillies à la Salpêtrière et à Bicêtre, par M. Roques, et ayant porté sur plusieurs familles, les enfants nés de pères intoxiqués « *même non alcooliques* » sont très fréquemment frappés de maladies mentales, idiotie, imbécillité, épilepsie, etc..., et les enfants nés de ces pères, pendant l'intoxication, seraient les seuls dégénérés de la famille.

Le saturnisme est donc un danger pour l'avenir de notre pays ; c'est un facteur puissant de la dépopulation ; bien mieux, il constitue un des pourvoyeurs les plus actifs des asiles d'aliénés ; il contribue ainsi à aggraver la lourde charge que de pauvres êtres, victimes d'une implacable hérédité, font peser sur la masse des citoyens.

La céruse est le principal agent de l'intoxication.

Et parmi les composés du plomb, quel est donc celui dont l'action est la plus nocive ? Ce n'est point la céruse, affirment les entrepreneurs; donnons encore une fois la parole à l'éminent professeur de la Faculté de médecine de Bordeaux, dont les beaux travaux sur l'hygiène industrielle sont hautement appréciés. Dans une conférence faite à Bordeaux, le 15 janvier 1903, M. Layet disait :

« De tous les composés plombiques la céruse est celui qui semble produire le plus inévitablement les accidents saturnins les plus variés et les plus graves. C'est celui qui prend le plus sûrement possession de tout l'organisme et conduit à la déchéance générale par la manifestation graduelle de presque toute la série des localisations saturnines...

« La céruse est, au point de vue de ses applications industrielles, le produit le plus répandu. J'ai, au Congrès international d'hygiène de Turin, en 1880, où j'avais l'honneur d'être le délégué de la ville de Bordeaux, présenté pour la première fois le tableau professionnel des intoxications saturnines. C'est ce tableau qui a été reproduit dans de nombreux ouvrages. Il comprenait alors 88 professions. Depuis, je l'ai rendu de plus en plus complet, et sur un ensemble de 138 professions, on en peut relever 40 environ dans lesquelles l'emploi de la céruse entre comme élément principal du travail professionnel. Et parmi ces groupes professionnels qui manipulent la céruse, viennent en tête, par la variété et par le nombre, les peintres de toutes les catégories : peintres en bâtiment, peintres en voitures, peintres en décors et attributs, peintres en jouets, broyeurs de couleurs. Après eux viennent les émailleurs divers, les ponceurs, glaceurs, satineurs. Bien entendu, il y a aussi les ouvriers des fabriques de céruse. Et justement ces derniers, au point de vue des conditions de travail où ils se trouvent aujourd'hui, nous fourniront une comparaison intéressante avec la situation des peintres.

« Messieurs, pour vous montrer le large tribut que payent les peintres à l'empoisonnement par le plomb, je vais faire appel aux statistiques. Ces statistiques, je les relève dans les rapports périodiques présentés au Conseil d'hygiène et de salubrité de la Seine depuis 1840 jusqu'à nos jours.

« Je procéderai par étapes pour bien vous faire saisir la gradation comparative qui s'est établie entre les principales divisions des ouvriers soumis à l'influence fâcheuse de ce poison professionnel.

« Ainsi, pour une première période déjà ancienne de trois ans, 1844-1846, je relève, sur une moyenne annuelle de 423 saturnins traités dans les hôpitaux de Paris, 265 ouvriers de fabriques, 96 peintres et 62 ouvriers appartenant aux autres professions où l'on travaille le plomb.

« Passant à une période où les statistiques sont mieux faites et plus complètes, je trouve pour une période de trois années encore, 1867-1869; sur une moyenne annuelle de 488 saturnins traités dans les hôpitaux de Paris, 158 ouvriers des fabriques, 285 peintres et 65 ouvriers des autres professions où l'on manipule le plomb. Pour une période ultérieure de six ans, 1872-1877, sur une moyenne annuelle de 500 saturnins traités dans les hôpitaux de Paris, je trouve 228 ouvriers des fabriques, 194 peintres et 78 autres ouvriers. Il faut remarquer que, jusqu'ici, dans le chiffre qui se rapporte aux ouvriers des fabriques, la part la plus grande, je dirai même presque entière, revient aux ouvriers de fabriques de céruse et surtout aux ouvriers de la fabrique de Clichy. Or, nous arrivons à l'époque où l'usine de Clichy disparaît; et voici que pour une période de deux ans, 1882-1883, sur une moyenne de 289 saturnins traités dans les hôpitaux de Paris, on ne trouve plus que 16 ouvriers des fabriques contre 229 peintres et 24 autres ouvriers; — pour une période de trois ans, 1884-1886, sur une moyenne annuelle de 192 saturnins, il y a 7 ouvriers des fabriques, 157 peintres et 28 autres ouvriers; — pour une autre période de quatre ans, 1890-1893, sur une moyenne annuelle de 264 saturnins, il y a 7 ouvriers des fabriques, 196 peintres et 67 autres ouvriers.

« Enfin, dans une plus récente période de quatre années, 1894-1898, la part annuelle qui revient aux peintres parmi les saturnins traités dans les hôpitaux de Paris, est de 223. De pareils chiffres, Messieurs, se passent de commentaires. Et quand l'on songe qu'on ne va à l'hôpital que pour les manifestations aiguës, graves, subites de la maladie; quand on sait que parmi tous les ouvriers saturnins, ce sont les peintres qui sont le plus souvent en puissance d'intoxication chronique, que ce sont eux qui traînent le plus longtemps leur mal à domicile, on comprend combien de pareilles statistiques sont au-dessous de la vérité. Et cela est bien plus vrai encore pour ce qui concerne la mortalité. Pendant la période de 1878 à 1880, pour un cas annuel de mort chez les peintres, dans les hôpitaux, il y en a 16 à domicile. Pendant la période de 1890-1893, pour un cas annuel de mort à l'hôpital, il y en a 12 à domicile. Enfin pour la période de 1894-1898, sur 86 cas de mort relevés chez des saturnins, plus de la moitié sont fournis par des peintres. »

Après ce magistral exposé des ravages de la céruse, l'hésitation n'est plus permise; il faut en interdire l'emploi, du moins pour les travaux à l'intérieur des habitations. Ce sera un commencement d'assainissement du domaine industriel. D'autres composés du plomb, le minium (oxyde de plomb), le rouge français (bichromate de plomb), le jaune minéral (chlorure de plomb), de même que les sels de cuivre (verts véronais et anglais), le mercure (vermillon) sont des produits toxiques appelés à disparaître comme la céruse. Ne doutons pas des progrès de la science; la chimie des couleurs inoffensives n'a pas dit le dernier mot; un jour viendra — nous le souhaitons le plus prochain possible — où le code de l'hygiène et de la protection des travailleurs ne contiendra plus de lacunes.

A chaque jour suffit sa peine. L'essentiel est de courir au plus pressé. Le blanc de zinc a fait ses preuves; il peut et il doit remplacer la céruse à l'intérieur.

C'est là une mesure réclamée par le Conseil d'hygiène et

de salubrité de la ville de Paris ; il a, d'un accord unanime, demandé à l'État et à la Ville de faire disparaître l'emploi de la céruse des peintures d'intérieur.

Dans sa déposition devant la Commission sénatoriale, le 16 mars 1905, M. le professeur Armand Gautier signalait l'opinion de cette haute Assemblée ; il ajoutait que « sans prendre la responsabilité de demander la même exclusion pour les peintures extérieures.....» il avait « en raison des méfaits de la peinture au plomb, mais tenant compte de la difficulté de la remplacer par d'autres produits, émis le vœu que la totalité des peintures employées par l'État et par les Administrations de la ville de Paris, lorsqu'il s'agit de peintures à l'intérieur des habitations, soit exclusivement faite avec des peintures non plombifères, par exemple avec le sulfure de zinc, les oxysulfures mélangés de sulfate de baryte, etc..., procédés que l'on sait employer aujourd'hui pour remplacer le plomb et qui couvrent suffisamment.» (1)

---

(1) Annexes du rapport Treille, page 890.

La réglementation de l'emploi de la Céruse
à l'Étranger.

Nous avons vu que le rapport provisoire de M. Treille concluait au maintien des errements actuels de la peinture en bâtiment et à l'essai d'une réglementation sévère de cette industrie.

Avant de justifier l'opinion contraire émise par la majorité de notre Commission, il nous a paru utile d'étudier les règlements en vigueur à l'étranger.

Tandis qu'une campagne active était menée en France depuis un siècle contre la céruse, la plupart des États de l'Europe demeuraient indifférents devant les ravages causés par l'intoxication saturnine.

SUISSE

C'est la Suisse qui, la première, prit en main la cause des ouvriers exposés au danger des poisons industriels. Les lois fédérales du 23 mai 1877 « sur le travail dans les fabriques », celle du 25 juin « sur la responsabilité des fabricants » ont établi les responsabilités des patrons vis-à-vis des ouvriers et fixé les limites dans lesquelles elle pourrait être engagée.

Par application de l'article 5 de la loi du 23 mai 1877, un arrêté fédéral en date des 26 août et 19 décembre 1887 a désigné les industries dans lesquelles on emploie le plomb et ses combinaisons, la céruse, etc., « comme engendrant certainement et exclusivement des maladies déterminées dangereuses ».

Pour compléter cet arrêté, l'Inspectoral fédéral publia en 1901 une instruction destinée à prévenir les intoxications saturnines.

Suivant l'exemple donné par la municipalité de Zurich en 1903, le Conseil fédéral prescrivait de n'employer à titre d'essai, pendant quatre années, à partir du 1er janvier 1904, pour les travaux mis en adjudication comme pour les travaux en régie, que des couleurs ne contenant pas de plomb.

Les cantons s'empressèrent de se conformer aux décisions du Conseil fédéral.

C'est le blanc de zinc qui a été partout substitué au blanc de céruse, tant à l'extérieur qu'à l'intérieur des édifices publics. Les essais se poursuivront dans des conditions véritablement scientifiques et les conclusions de ces expériences auront la plus haute portée.

ALLEMAGNE

La campagne contre la céruse est de date récente : c'est le 8 juillet 1893 que les ateliers et les fabriques de couleurs de plomb, ainsi que les principales industries ayant pour objet la transformation de ce métal, furent soumis à des règlements spéciaux, en vertu des paragraphes 120 et 139 du Code industriel du 21 juin 1869. 100.000 ouvriers sont intéressés à la stricte application de ces lois protectrices.

Le 31 mars 1901, l'Association générale des peintres enduiseurs et vernisseurs de Berlin réclamait la suppression de la céruse.

En 1902, au nom de la Société des réformes sociales, le docteur Lewin, de Berlin, présentait au Congrès international pour la protection légale des travailleurs, réuni à Bâle, un rapport sur les dangers de l'emploi de la céruse en Allemagne. En même temps la Caisse locale des peintres de Berlin publiait les résultats de son enquête sur la gravité et la fréquence du saturnisme en Prusse.

Les pouvoirs publics s'émurent : le Ministre du Commerce et de l'Industrie, celui des Travaux publics prescrivirent des essais de substitution du blanc de zinc au blanc de céruse.

Une nouvelle ordonnance, le 26 mai 1903, réglemente d'une façon plus sévère les fabriques de couleurs ; mais elle ne vise ni les ateliers, ni les chantiers où s'emploie la céruse.

Pourtant, le 15 juillet 1903, un règlement était mis en vigueur à Leipzig, concernant spécialement les chantiers de peinture, avec interdiction de l'emploi de la céruse en poudre dans tous les travaux et même en pâte pour ceux à effectuer dans les pièces d'habitation.

Cette réglementation équivalait à l'interdiction de la céruse dans les travaux à l'intérieur.

A la fin de cette même année, la mnnicipalité de Berlin et diverses administrations prirent de nouvelles mesures préventives au point de vue de la protection des ouvriers peintres.

Le Reichstag recevait, après toute une campagne de conférences faite par le syndicat des peintres de Berlin et par l'association des enduiseurs, vernisseurs de l'Allemagne, une pétition demandant des mesures préventives contre le plomb, ainsi que la substitution du blanc de zinc à la céruse.

La Commission, chargée d'étudier cette question, la renvoya à l'examen du Chancelier de l'Empire, en demandant à celui-ci de prendre telles mesures qu'il jugerait convenable en vertu du paragraphe 120,*e*, du Code industriel de 1869.

Notons qu'en 1904, la Société des réformes sociales adressait au Conseil fédéral de l'Empire une autre pétition, signalant le danger de l'intoxication plombique dans le métier de peintre et d'enduiseur.

Si le Gouvernement allemand, devant toutes ces réclamations, n'a pas encore interdit la céruse, il en a du moins réglementé l'emploi, par une suite de prescriptions tendant à garantir les ouvriers manipulant le plomb ou ses dérivés. Cette réglementation date du 27 juin 1905 (1).

Elle semble n'avoir satisfait ni les patrons, soumis à

(1) Voir annexes du rapport Treille, page 786.

des obligations impérieuses et gênantes, ni les ouvriers qui, en Allemagne comme en France, n'ont pas la moindre confiance dans des règlements impuissants contre l'action nocive de la céruse.

BELGIQUE

La première réglementation sur la fabrication de la céruse remonte à 1894; et quelques années après, par suite de la campagne entreprise en France, et sous la pression de l'Association internationale pour la protection légale des travailleurs, qui demandait l'interdiction absolue de la céruse, un second arrêté, visant particulièrement les précautions nécessaires à faire prendre aux ouvriers peintres, parut en 1902 pour modifier le précédent.

Le Gouvernement belge s'est refusé jusqu'ici à proscrire la céruse, et le Recueil des Lois et Arrêtés royaux du 21 mai 1905 publiait un décret royal se rapportant à l'emploi de ce produit et indiquant les mesures nécessaires à prendre pour en atténuer les dangers. Ces mesures s'adressaient aussi bien aux patrons ou chefs d'entreprises qu'aux ouvriers (1), elles ne présentent pas un caractère nettement impératif; elles s'offrent à tous sous la forme de prescriptions inspirées par le vif souci de la santé des travailleurs. Nous serions surpris si, rigoureusement mises en vigueur par les intéressés, elles produisaient les résultats bienfaisants qu'en attendent leurs promoteurs.

ANGLETERRE

M. Gladstone, Ministre de l'Intérieur, a soutenu le 22 mars 1906 à la Chambre des Communes, un bill ayant pour objet d'amender et de compléter l'acte de 1897, relatif aux accidents du travail. Dans son discours, il a demandé que

---

(1) Voir Annexes du rapport Treille, page 782.

non seulement les ouvriers et employés, victimes d'un accident violent, bénéficient de la nouvelle loi, mais encore ceux qui, au service d'un patron, ont contracté une maladie ou une infirmité, résultant d'un empoisonnement tel que *l'intoxication par le plomb*, le mercure, le phosphore, etc.

Nous n'avons pas actuellement d'autres documents sur l'état en Angleterre de la question qui nous préoccupe.

Pour l'Espagne, l'Italie, la Russie, nous ne trouvons aucune trace de réglementation.

La France, en somme, est le pays qui a accompli l'étape la plus décisive vers l'interdiction partielle de la céruse.

L'insuffisance de toute réglementation.

Nous venons d'examiner les diverses réglementations mises en vigueur dans un certain nombre de pays. Nous voyons par l'enquête de la Commission, au cours de laquelle tous les représentants de l'industrie de la céruse ont fait connaître leur opinion, que les cérusiers avaient le vif désir qu'une réglementation sévère fût substituée par le Parlement à l'interdiction de l'emploi de ce produit. Ils ont affirmé que les règlements étaient parfaitement applicables et qu'il suffisait d'une surveillance spéciale exercée par les inspecteurs du travail, sur les ateliers, pour assurer le respect de toutes les précautions d'hygiène.

Ainsi que nous l'avons constaté au cours de notre visite à l'usine de M. Expert-Bezançon, il est facile d'admettre l'efficacité de la réglementation au point de vue de la santé des ouvriers employés à la fabrication de la céruse.

Mais en est-il de même chez les entrepreneurs de peinture ? Comment les ouvriers disséminés un à un ou par petits groupes sur de très nombreux chantiers, souvent à une grande distance du domicile du patron, pourraient-ils être astreints à de minutieuses précautions ? Comment les inspecteurs du travail, dont le nombre est nécessairement restreint, seraient-ils en mesure de veiller à l'observation des règlements ? Citons en particulier le travail du ponçage à sec des vieilles peintures ; voilà plusieurs ouvriers entassés dans un espace restreint, occupés à un travail des plus actifs et dégageant d'épais nuages de poussières plombiques. Doit-on supposer qu'en raison même de la hâte de l'opération, les ouvriers insouciants du danger d'intoxication prendront le soin d'arroser les surfaces murales qu'ils ont à gratter ?

Certes — nous l'avons déjà reconnu — l'industrie de la peinture en bâtiment a été assainie par l'ensemble des mesures prescrites par l'instruction rédigée le 25 décembre 1881 au nom du Conseil d'hygiène et de salubrité du département de la Seine.

C'est d'abord l'interdiction absolue dans tous les travaux de peinture en bâtiment de l'usage du blanc de céruse autrement qu'à l'état de pâte, c'est la défense de poncer et de gratter à sec les vieilles peintures, c'est la suppression de l'emploi direct de la céruse avec les mains, c'est enfin l'obligation pour les patrons de mettre à la disposition de leur personnel les objets nécessaires aux soins de propreté.

Ces mesures d'hygiène seraient évidemment susceptibles d'influer sur la santé des ouvriers si elles étaient très soigneusement observées. Ce n'est un mystère pour personne que l'éducation hygiénique des travailleurs et des peintres en particulier, si avancée que l'on puisse la supposer, demeure quelque peu théorique. La pensée d'un danger prochain les effleure à peine, ils sont trop souvent les victimes de leur propre négligence.

Avec tous ceux qui connaissent les conditions du travail des peintres, nous pensons que toute réglementation est destinée à demeurer impuissante. Quelle que soit la gêne apportée à l'industrie de la céruse par la loi en préparation, nous persistons à considérer comme une nécessité inéluctable l'interdiction de l'emploi de ce produit à l'intérieur.

La substitution du blanc de zinc à la céruse.

Les médecins et les hygiénistes sont d'accord pour proscrire l'emploi du blanc de céruse à l'intérieur des bâtiments. Par quel produit le remplacer ? A cette heure, la seule substance qui, au point de vue de l'innocuité de son usage, semble recueillir le plus grand nombre de suffrages, est l'oxyde de zinc ou blanc de zinc. Nous avons cité, au cours de l'historique de la céruse, l'initiative prise il y a cinquante ans par Leclaire et les efforts tentés de divers côtés pendant un demi-siècle pour substituer ce produit à la céruse.

Loin de nous la pensée de prendre parti dans le conflit entre les partisans de la céruse et du blanc de zinc. Cependant, il semble résulter de l'enquête faite par M. Baudin, Ministre des Travaux publics, en 1901, auprès des ingénieurs des ponts et chaussées, que la majorité des réponses est favorable à l'application du blanc de zinc aux travaux intérieurs.

La même observation est faite par le Conseil général des bâtiments civils. Dans sa déclaration à la Commission de la Chambre des Députés le 21 janvier 1903, M. A. Gautier, tout en se montrant favorable à l'emploi exclusif du carbonate de plomb à l'extérieur, n'affirmait-il pas les avantages des sels de zinc pour les peintures intérieures ?

« Je crains, disait-il, de ne pas être entièrement d'accord avec mes très honorables amis et collègues ici présents; mais je crois que le blanc de céruse en peinture ne peut pas être pratiquement supprimé. Tel est, en deux mots, le résumé de mon opinion.

« C'est, qu'en effet, il ne s'agit pas ici seulement d'un principe d'hygiène sur lequel nous sommes tous du même avis, mais aussi d'une question de chimie technique et pratique. Le blanc de céruse en tant que carbonate de plomb (le sulfate paraît jouir de la même propriété), forme peu à peu avec les huiles auxquelles on le mélange, un composé insoluble, élastique, qui ne s'exfolie pas, et résiste au temps et aux lavages. Si l'on veut obtenir des peintures solides, capables de supporter l'humidité, la sécheresse, la chaleur, le froid, ne se craquelant pas, résistant même aux lessives alcalines faibles, on doit recourir aux sels de plomb qui forment avec les acides gras qui composent les huiles ces enduits siccatifs imperméables et presque inaltérables ; la peinture aux sels de plomb seule peut être employée à l'extérieur.

« A l'intérieur, au contraire, la céruse peut être remplacée par d'autres matières couvrantes, en particulier par le sulfure de zinc, le sulfate de barium, le mélange breveté des deux substances, l'oxysulfure de zinc, ou autres congénères. Il en résulte cet avantage que les ouvriers qui emploient ces peintures sont à l'abri de toute intoxication. Il faut dire tout de suite qu'il est d'ailleurs reconnu que les personnes qui habitent des appartements peints à la céruse ne souffrent de ce fait aucun désavantage. La céruse n'émet ni émanations, ni poussières. Ces dernières peuvent se produire, au contraire, avec les substances précédentes et celles où entrent les sels de baryte ne sont pas sans inconvénients. »

Dans le même ordre d'idées, nous possédons un document précieux, c'est la lettre adressée à M. Treille, rapporteur de la Commission, par le secrétaire de la Chambre syndicale des entrepreneurs de peinture et vitrerie, doreurs et marchands de papiers peints détaillants, rue de Lutèce, n° 3, à Paris.

Paris, 9 février 1904.

Monsieur le Sénateur,

Nous avons l'honneur de vous confirmer ce que nous avons dit, le mercredi 27 janvier écoulé, au cours de l'audience que vous avez bien voulu accorder aux membres du bureau de notre Chambre syndicale, composée de MM. Manger, président ; Wernet, vice-président ; Lefebvre, syndic ; Rigolot, rapporteur, et Josserand, secrétaire.

Ces déclarations n'ont été que le développement de la délibération, qui vous a été remise, de l'assemblée générale de notre Chambre syndicale, en date du 20 novembre 1902, délibération renfermant les vœux émis à l'unanimité et relatifs au projet de loi réglementant l'emploi du blanc de céruse dans les travaux de peinture en bâtiment.

Nous vous avons déclaré :

Que les entrepreneurs de peinture composant la Chambre que nous représentions étaient loin d'être hostiles à l'emploi du blanc de zinc, et que pour les travaux à faire à l'intérieur des maisons on pouvait remplacer le blanc de céruse par le blanc de zinc (oxyde de zinc), car les entrepreneurs pouvaient accepter la responsabilité des travaux ;

Que beaucoup d'entre nous employaient déjà le blanc de zinc à l'intérieur, même avant le projet de loi du 30 octobre 1902 ;

Que les entrepreneurs étaient tout disposés à n'employer pour les travaux intérieurs que le blanc de zinc (oxyde de zinc), à l'exclusion de tous les autres produits présentés depuis quelques années et qui sont mélangés dans de grandes proportions à une matière inerte (sulfate de baryte) ne présentant aucune solidité.

Nous vous avons déclaré que pour les travaux faits à l'extérieur avec l'oxyde de zinc, la solidité des dits n'ayant pas été démontrée suffisamment, nous ne pouvions prendre la responsabilité de ces travaux.

Nous demandions qu'une Commission officielle, nommée par M. le Ministre du Commerce et de l'Industrie, fasse exécuter sous sa direction des expériences afin de fixer d'une manière définitive la solidité et la durée des travaux exécutés à l'extérieur avec ce produit.

D'ailleurs, nous vous avons dit que notre Chambre syndicale avait fait procéder d'une façon loyale, sous les auspices de la Société de médecine publique et du génie sanitaire, à des expériences comparatives entre le blanc de céruse (carbonate de plomb) et le blanc de zinc (oxyde de zinc). Ces expériences ont été faites courant 1902 à l'Institut Pasteur et nous vous en remettons procès-verbal.

Dans une visite faite le 23 octobre 1903 par la Commission des expériences, ces messieurs ont déclaré qu'à l'heure actuelle les deux produits s'étaient comportés de la même façon.

Il faut attendre encore quelques années pour se prononcer, alors que le temps aura produit son œuvre de désagrégation.

Ce sont ces années d'attente que nous réclamons.

Veuillez agréer, Monsieur le Sénateur, etc.

Pour le Bureau de la Chambre syndicale,
Le secrétaire,
E. JOSSERAND.

La question de la substitution du blanc de zinc à la céruse pour les travaux intérieurs nous paraît donc résolue.

En ce qui concerne les travaux extérieurs, elle sera sans doute tranchée par les expériences comparatives prescrites il y a quelques mois par M. le Ministre du Commerce.

Expropriation et indemnité

On ne saurait nier que l'interdiction de l'emploi de la céruse à l'intérieur diminuera dans une large proportion la fabrication de ce produit. C'est là une conséquence du projet de loi annoncée et prévue par les cérusiers. Quelques-uns se sont efforcés d'y parer par la construction d'une fabrique de blanc de zinc à côté de leur usine à céruse. Tel est le cas de M. Expert-Bezançon.

Une première question se pose devant nous. L'interdiction de ce produit à l'intérieur des bâtiments doit-elle être considérée comme une expropriation? Par conséquent le droit à une indemnité peut-il être invoqué?

Quelques membres de la Commission avaient pensé que l'État s'engagerait dans une voie fâcheuse pour l'avenir des réformes sociales et onéreuse pour les finances publiques, si le principe de l'indemnité était admis.

Les lois visant la diminution des heures de travail, la protection des femmes et des enfants, la réglementation des heures de repos, ont une répercussion plus ou moins directe sur l'industrie; les lois douanières ont infligé à de nombreux commerçants et industriels des pertes énormes. Ont-ils réclamé une indemnité?

La liberté de la vente de la saccharine a été supprimée; le monopole en a été donné aux seuls pharmaciens qui ne peuvent délivrer ce produit sans une ordonnance du médecin. A-t-il été question d'une indemnité? Il s'agissait cependant d'une interdiction motivée, non par des raisons hygiéniques, mais par de simples considérations fiscales.

En ce qui touche au blanc de plomb, il est certain que les intéressés savaient depuis longtemps quelle menace était suspendue sur leur tête; voilà bien des années que la question est agitée devant le Parlement; on peut ajouter que le délai prévu par la loi est considérable et que les fabricants peuvent prendre leurs précautions en changeant les conditions de leur industrie.

D'autre part, si le principe de l'indemnité est favorablement accueilli, sur quelles bases établir une compensation pécuniaire ? Sera-t-elle fixée sur la valeur de l'immeuble, de l'outillage, des produits en magasin, sur l'importance de la clientèle et la faveur dont la marque de fabrique jouit auprès des peintres ? Faudra-t-il tenir compte des bénéfices que le fabricant aurait réalisés, si la loi n'était pas intervenue ?

Et quelle somme inscrire au budget ?

Autant de questions dont la solution est des plus malaisées.

La Commission avait le devoir de connaître sur ces divers points l'opinion de M. le Ministre du Commerce.

M. Gaston Doumergue a nettement déclaré que, d'accord avec M. Poincaré, Ministre des Finances, il repoussait toute indemnité ; la Chambre, à une grosse majorité, a déjà rejeté une proposition dans ce sens ; l'interdiction de l'emploi de la céruse ne supprime pas une industrie ; elle en modifie les conditions pour la substitution du blanc de zinc au blanc de plomb ; mais la loi accorde aux cérusiers un délai convenable pour transformer l'outillage nécessaire à cette substitution. Il cite l'exemple d'industries florissantes frappées par la loi sans compensation : la fabrication des vins de raisins secs, de la margarine, et il rappelle qu'il s'agit avant tout d'une mesure protectrice de la santé publique.

Néanmoins, la majorité de la Commission n'a pas admis cette thèse ; elle a pensé que l'adoption du projet de loi, tel qu'il revient de la Chambre, compromettrait les intérêts des fabricants de céruse, d'autant plus que les conditions d'existence de cette industrie risquent d'être aggravées dans un avenir assez rapproché par l'application du règlement d'administration publique aux travaux à l'extérieur des habitations ; elle a inséré à l'article 3 un paragraphe accordant aux cérusiers le droit de réclamer une indemnité à l'expiration du délai de trois ans fixé pour l'interdiction des travaux de peinture exécutés à l'intérieur.

CONCLUSIONS

La céruse est un poison qui s'infiltre dans tous les tissus, imprègne l'organisme tout entier et exerce en particulier ses ravages sur la moelle, sur les reins. Son action est d'autant plus efficace que l'ouvrier travaille dans des conditions hygiéniques plus défectueuses.

La réglementation, telle qu'elle existe à l'étranger et en particulier en Belgique et en Allemagne, ne saurait atteindre le but poursuivi par le législateur. Elle suppose une éducation hygiénique préalable de l'ouvrier ; mais cet ouvrier idéal n'existe pas. Bien des années passeront avant que les peintres, préoccupés d'abord de leur santé, s'astreignent à porter, pendant le travail, des vêtements spéciaux et à les quitter aux heures des repas ; à nettoyer par un brossage énergique leurs mains et leurs ongles avant de se mettre à table ; à s'abstenir de fumer pendant le travail ; en un mot, à observer la propreté la plus complète.

Et, si dans les usines de fabrication de la céruse, dans les chantiers bien organisés et rigoureusement surveillés, il est possible de mettre le personnel à l'abri de l'intoxication saturnine, il ne faut pas oublier que les petits chantiers sont légion, que la plupart des peintres en bâtiment travaillent isolément et que pour eux toutes les mesures de surveillance et de contrôle deviennent illusoires par le fait de la dissémination des ouvriers.

Cet état de choses pourra être modifié par la loi sur les maladies professionnelles, déposée à la Chambre des Députés le 16 mai 1905. L'extension de la législation sur les accidents du travail à ce genre d'affection entraînera pour les entrepreneurs de peinture de telles responsabilités que le devoir s'imposera à eux de donner la préférence à des produits non toxiques et d'exiger, par une surveillance étroite de leurs chantiers, la pratique par leurs ouvriers de toute règle d'hygiène.

En l'absence de cette législation coercitive, toute réglementation nous paraît destinée à demeurer lettre morte.

Nous sommes ainsi amené à demander au Sénat l'adoption du projet de loi voté par la Chambre. A nos adversaires qui, au nom des intérêts d'une industrie florissante et éminemment française, protestent contre l'interdiction de l'emploi de la céruse dans l'intérieur des habitations, nous répondrons que la défense de la vie humaine doit passer avant le souci des intérêts de quelques-uns, et que le législateur manquerait à son devoir s'il hésitait à restreindre l'usage d'un produit, susceptible d'altérer l'organisme humain et de frapper l'homme jusque dans sa descendance, menaçant ainsi de tarir les sources mêmes de la population française.

Cette considération a d'autant plus de valeur que nul n'ignore la faiblesse de la natalité dans notre pays et le souci du Parlement affirmé par des lois récentes de contribuer plus que jamais à la protection de la femme et de l'enfant.

On ne saurait désormais adresser au Sénat le reproche dirigé contre la décision de la Chambre, qui avait repoussé la demande d'indemnité des fabricants de céruse. L'atteinte portée à cette industrie recevra une large compensation, votre Commission ayant admis le principe de l'indemnité fixée par le Tribunal civil de l'arrondissement où résidera le fabricant visé.

Telle est la pensée, Messieurs, qui a dirigé les travaux de la Commission et la plume de votre rapporteur.

Nous vous prions de donner votre approbation à une œuvre législative, élaborée avec le souci des intérêts les plus élevés et les plus nobles, ceux que commandent l'humanité et l'amour de notre pays.

LE PROJET DE LOI

Examen des articles.

Au cours de ce rapport, nous avons exposé le contre-projet défendu devant la Commission par notre honorable collègue M. Poirrier; il nous disait : « Vous n'êtes pas compétents pour édicter la suppression des travaux d'impression, d'enduisage et de rebouchage tant à l'extérieur qu'à l'intérieur des habitations ; mieux vaut reporter du Parlement sur le Ministre du Commerce la responsabilité de cette interdiction ».

La loi serait l'application étendue du paragraphe 2 de l'article 3 : l'interdiction des travaux de peinture de quelque nature qu'ils soient, exécutés à l'intérieur et à l'extérieur des bâtiments, serait prononcée par un règlement d'administration publique rendu après avis du Comité des arts et manufactures et de la Commission d'hygiène industrielle ; il en serait de même de l'emploi des composés du plomb, toutes les fois que les progrès de la chimie auraient démontré la possibilité de les remplacer par d'autres produits non toxiques.

La Commission n'a pas été d'avis que le Sénat abdiquât sa fonction législative ; elle a adopté le projet de loi voté par la Chambre des Députés, se bornant à modifier la teneur de l'article 4.

Il convient cependant de ne pas passer sous silence l'opinion émise par quelques-uns de nos collègues qui auraient volontiers supprimé le paragraphe 2 de l'article 3, relatif au règlement d'administration publique et confié au Parlement le soin d'étendre *par une loi* l'interdiction de l'emploi de la céruse pour les travaux exécutés à l'extérieur.

Article premier.

Cet article oblige d'une manière impérative les chefs d'industrie, directeurs ou gérants, à faire respecter les prescriptions de la loi ainsi que celles de la législation sur l'hygiène et la sécurité des travailleurs, non seulement dans les ateliers, chantiers, bâtiments en construction ou en réparation, mais encore *dans tout lieu* de travail; il répond ainsi aux préoccupations très légitimes suggérées par la dissémination des petits chantiers de peinture.

Article 2.

Après le ponçage à sec, l'impression est l'opération qui expose le plus l'ouvrier au danger de l'intoxication; elle consiste dans le passage sur la surface à peindre d'une couche d'huile de lin dans laquelle une certaine quantité de blanc de céruse a été délayée; au cours du travail, surtout quand il s'agit de refaire des corniches et des plafonds, des gouttelettes de liquide sont projetées sur le visage et les mains des peintres.

Le rebouchage des trous, à l'aide du mastic ordinaire, rendu siccatif par du blanc de céruse, a lieu le plus souvent dans des conditions fâcheuses pour la santé des ouvriers; au lieu de placer ce mastic sur la palette, ils le prennent avec le couteau dans la paume de la main.

Il en est de même pour l'enduisage; c'est dans la paume de la main que le plus souvent les peintres placent l'enduit épais destiné à égaliser la surface à peindre.

Cet article prescrit en même temps l'interdiction de l'huile de lin lithargirée, pour les travaux d'impression, de rebouchage et d'enduisage, la litharge présentant les mêmes dangers que la céruse.

Dans le texte primitif soumis par le Gouvernement à la Chambre, le délai à partir duquel l'interdiction de l'emploi

de la céruse et de l'huile de lin lithargirée devenait définitive, avait été fixé à un an; l'amendement Noël voté par la
Chambre des Députés l'a porté à deux ans. La Commission
a pensé qu'il existait une contradiction entre les articles 2
et 3. Les travaux d'impression, de rebouchage et d'enduisage sont des travaux préparatoires; obliger, dans un délai
de deux ans, les peintres à se servir de tout autre produit
que la céruse, tant à l'intérieur qu'à l'extérieur, c'est proscrire complètement l'emploi de cette substance pour toutes
les opérations complémentaires, alors que l'article 3 accorde
pour l'interdiction totale un délai de trois années.

Les deux articles sont désormais mis d'accord l'un
avec l'autre; pour tous les travaux à l'intérieur comme pour
toutes les opérations préparatoires à l'extérieur, le délai est
porté à trois années.

Article 3.

Dans l'état actuel de la question, il n'a pas paru possible d'interdire pour les travaux exécutés à l'extérieur l'emploi de la céruse et de l'huile de lin lithargirée, sauf pour
les opérations dites d'impression, de rebouchage et d'enduisage. Un règlement d'administration publique pourra étendre l'interdiction totale ou partielle de la céruse et des autres
produits à base de plomb employés dans l'industrie de la
peinture en bâtiments.

Les fabricants recevront une indemnité à déterminer
par le Tribunal civil de leur arrondissement respectif.

Article 4.

L'article 4, voté par la Chambre, était ainsi rédigé :

« L'autorisation d'employer la céruse ou d'autres produits à base de plomb pourra, par dérogation aux articles qui
précèdent, être accordée exceptionnellement par le Ministre
du Commerce, après avis du Comité consultatif des arts et

manufactures et de la Commission d'hygiène industrielle pour chaque cas particulier. »

Cette procédure a paru à votre Commission singulièrement compliquée ; elle lui a semblé de nature à porter atteinte à la prompte exécution des travaux pour lesquels une autorisation spéciale sera sollicitée et à provoquer les plaintes des intéressés.

C'est le Comité consultatif des arts et manufactures qui sera d'abord appelé à apprécier au point de vue technique la nature des travaux à effectuer ; puis viendra la Commission d'hygiène industrielle dont le rôle consistera à prescrire, *pour chaque cas particulier*, les règles d'hygiène indispensables pour sauvegarder la santé des ouvriers chargés d'employer, à titre exceptionnel, les produits considérés par la loi comme toxiques.

Aussi votre Commission propose-t-elle de substituer au texte de la Chambre un nouveau texte, plus précis, en harmonie avec les nécessités de l'industrie :

« Un règlement d'administration publique indiquera *les travaux* spéciaux pour lesquels il pourra être dérogé aux dispositions précédentes. »

Article 5.

L'application de la loi est confiée aux inspecteurs du travail ; ils auront le droit de pénétrer dans tous les chantiers ou ateliers ; mais, pour respecter l'inviolabilité du domicile privé, l'article 5 édicte que, quand il s'agit de travaux exécutés dans une maison habitée, la visite de l'inspecteur est subordonnée à l'autorisation du propriétaire ou du locataire.

Article 6.

Les contraventions à la présente loi seront constatées et réprimées conformément à la loi du 12 juin 1893 sur l'hygiène et la santé publiques (art. 5, 7, 9 et 12).

PROJET DE LOI

Article premier.

Dans les ateliers, chantiers, bâtiments en construction ou en réparation et généralement dans tout lieu de travail où s'exécutent des travaux de peinture en bâtiment, les chefs d'industrie, directeurs ou gérants sont tenus, indépendamment des mesures prescrites, en vertu de la loi du 12 juin 1893 sur l'hygiène et la sécurité des travailleurs, de se conformer aux prescriptions suivantes.

Art. 2.

Dans un délai de trois ans, à partir de la promulgation de la présente loi, l'emploi de la céruse et de l'huile de lin lithargirée sera interdit dans tous les travaux d'impression, de rebouchage et d'enduisage.

Art. 3.

Dans un délai de trois années à partir de la même date, l'interdiction édictée par l'article précédent s'étendra à tous les travaux de peinture, de quelque nature que ce soit, exécuts à l'intéri eur des bâtiments.

Un règlement d'administration publique, rendu après avis du Comité consultatif des arts et manufactures et de la Commission d'hygiène industrielle instituée auprès du Ministère du Commerce, pourra étendre cette interdiction aux travaux exécutés à l'extérieur des bâtiments.

L'interdiction totale ou partielle des autres produits à base de plomb employés dans l'industrie de la peinture en bâtiment pourra être également prononcée par un règlement d'administration publique rendu dans les mêmes conditions.

Les fabricants, dont l'industrie sera atteinte par les dispositions de la présente loi, auront droit à une indemnité qui sera fixée par le Tribunal civil de l'arrondissement où sera situé l'établissement.

Art. 4.

Un règlement d'administration publique indiquera les travaux spéciaux pour lesquels il pourra être dérogé aux dispositions précédentes.

Art. 5.

Les inspecteurs du travail sont chargés d'assurer l'exécution de la présente loi. A cet effet, ils ont entrée dans tous les établissements spécifiés à l'article premier. Toutefois, dans le cas où les travaux de peinture sont exécutés dans des locaux habités, les inspecteurs ne pourront pénétrer dans ces locaux qu'après y avoir été autorisés par les personnes qui les occupent.

Art. 6.

Les articles 5, 7, paragraphes 1 et 3, 9 et 12 de la loi du 12 juin 1893 sont applicables à la constatation des contraventions prévues par la présente loi, ainsi qu'à leur répression.

TABLE DES MATIÈRES

69873

PARIS. — IMPRIMERIE DU SÉNAT, PALAIS DU LUXEMBOURG. — P. MOUILLOT.